国家出版基金项目
NATIONAL PUBLICATION FOUNDATION

"十三五"国家重点出版物出版规划项目

中 国 生 物 物 种 名 录

第二卷 动物

昆虫(III)

襀翅目 Plecoptera

杨 定 李卫海 编著

科 学 出 版 社
北 京

内 容 简 介

本书收录了中国𫌀翅目昆虫共计3总科10科57属545种。每一种的内容包括中文名、拉丁学名、异名、模式产地、国内分布和国外分布等主要信息，所有属均列出了模式种信息及异名。

本书可作为昆虫分类学、动物地理学和生物多样性研究的基础资料，也可作为植物保护、水质生物监测及相关专业高等院校师生的参考书。

图书在版编目（CIP）数据

中国生物物种名录. 第二卷. 动物. 昆虫. Ⅲ. 𫌀翅目/杨定，李卫海编著. —北京：科学出版社，2018.3

"十三五"国家重点出版物出版规划项目　国家出版基金项目

ISBN 978-7-03-056918-9

Ⅰ. ①中…　Ⅱ. ①杨…　②李…　Ⅲ. ①生物–物种–中国–名录　② 𫌀翅目–物种–中国–名录　Ⅳ. ①Q152–62　②Q969.24–62

中国版本图书馆 CIP 数据核字（2018）第 049247 号

责任编辑：马　俊　王　静　韩学哲　侯彩霞 / 责任校对：郑金红
责任印制：张　伟 / 封面设计：刘新新

科 学 出 版 社 出版
北京东黄城根北街 16 号
邮政编码：100717
http://www.sciencep.com

北京厚诚则铭印刷科技有限公司 印刷
科学出版社发行　各地新华书店经销
*
2018 年 3 月第　一　版　开本：889 × 1194 1/16
2020 年 5 月第三次印刷　印张：5 3/4
字数：197 000

定价：80.00 元

（如有印装质量问题，我社负责调换）

Species Catalogue of China

Volume 2 Animals

INSECTA (III)

Plecoptera

Authors: Ding Yang , Weihai Li

Science Press

Beijing

《中国生物物种名录》编委会

本书编著者

杨　定

中国农业大学植物保护学院昆虫学系 北京 100193

李卫海

河南科技学院资源与环境学院植物保护系 新乡 453003

Authors of Species Catalogue of China, Plecoptera

Ding Yang

Department of Entomology, College of Plant Protection, China Agricultural University, Beijing 100193

Weihai Li

Department of Plant Protection, College of Resources and Environment, Henan Institute of Science and Technology, Xinxiang 453003

总　序

生物多样性保护研究、管理和监测等许多工作都需要翔实的物种名录作为基础。建立可靠的生物物种名录也是生物多样性信息学建设的首要工作。通过物种唯一的有效学名可查询关联到国内外相关数据库中该物种的所有资料，这一点在网络时代尤为重要，也是整合生物多样性信息最容易实现的一种方式。此外，“物种数目”也是一个国家生物多样性丰富程度的重要统计指标。然而，像中国这样生物种类非常丰富的国家，各生物类群研究基础不同，物种信息散见于不同的志书或不同时期的刊物中，加之分类系统及物种学名也在不断被修订。因此建立实时更新、资料翔实，且经过专家审订的全国性生物物种名录，对我国生物多样性保护具有重要的意义。

生物多样性信息学的发展推动了生物物种名录编研工作。比较有代表性的项目，如全球鱼类数据库（FishBase）、国际豆科数据库（ILDIS）、全球生物物种名录（CoL）、全球植物名录（TPL）和全球生物名称（GNA）等项目；最有影响的全球生物多样性信息网络（GBIF）也专门设立子项目处理生物物种名称（ECAT）。生物物种名录的核心是明确某个区域或某个类群的物种数量，处理分类学名称，厘清生物分类学上有效发表的拉丁学名的性质，即接受名还是异名及其演变过程；好的生物物种名录是生物分类学研究进展的重要标志，是各种志书编研必需的基础性工作。

自 2007 年以来，中国科学院生物多样性委员会组织国内外 100 多位分类学专家编辑中国生物物种名录；并于 2008 年 4 月正式发布《中国生物物种名录》光盘版和网络版（http://www.sp2000.org.cn/），此后，每年更新一次；2012 年版名录已于同年 9 月面世，包括 70 596 个物种（含种下等级）。该名录自发布受到广泛使用和好评，成为环境保护部物种普查和农业部作物野生近缘种普查的核心名录库，并为环境保护部中国年度环境公报物种数量的数据源，我国还是全球首个按年度连续发布全国生物物种名录的国家。

电子版名录发布以后，有大量的读者来信索取光盘或从网站上下载名录数据，取得了良好的社会效果。有很多读者和编者建议出版《中国生物物种名录》印刷版，以方便读者、扩大名录的影响。为此，在 2011 年 3 月 31 日中国科学院生物多样性委员会换届大会上正式征求委员的意见，与会者建议尽快编辑出版《中国生物物种名录》印刷版。该项工作得到原中国科学院生命科学与生物技术局的大力支持，设立专门项目，支持《中国生物物种名录》的编研，项目于 2013 年正式启动。

组织编研出版《中国生物物种名录》（印刷版）主要基于以下几点考虑。①及时反映和推动中国生物分类学工作。“三志”是本项工作的重要基础。从目前情况看，植物方面的基础相对较好，2004 年 10 月《中国植物志》80 卷 126 册全部正式出版，*Flora of China* 的编研也已完成；动物方面的基础相对薄弱，《中国动物志》虽已出版 130 余卷，但仍有很多类群没有出版；《中国孢子植物志》已出版 80 余卷，很多类群仍有待编研，且微生物名录数字化基础比较薄弱，在 2012 年版中国生物物种名录光盘版中仅收录 900 多种，而植物有 35 000 多种，动物有 24 000 多种。需要及时总结分类学研究成果，把新种和新的修订，包括分类系统修订的信息及时整合到生物物种名录中，以克服志书编写出版周期长的不足，让各个方面的读者和用户及时了解和使用新的分类学成果。②生物物种名称的审订和处理是志书编写的基础性工作，名录的编研出版可以推动生物志书的编研；相关学科如生物地理学、保护生物学、生态学等的研究工作需要及时更新的生物物种名录。③政府部门和社会团体等在生物多样性保护和可持续利用的实践中，希望及时得到中国物种多样性的统计信息。④全球生物物种名录等国际项目需要中国生物物种名录等区域性名录信息不断更新完善，因此，我们的工作也可以在一定程度上推动全球生物多样性编目与保护工作的进展。

编研出版《中国生物物种名录》（印刷版）是一项艰巨的任务，尽管不追求短期内涉及所有类群，也是难度很大的。衷心感谢各位参编人员的严谨奉献，感谢几位副主编和工作组的把关和协调，特别感谢不幸过世的副主编刘瑞玉院士的积极支持。感谢国家出版基金和科学出版社的资助和支持，保证了本系列丛书的顺利出版。在此，对所有为《中国生物物种名录》编研出版付出艰辛努力的同仁表示诚挚的谢意。

虽然我们在《中国生物物种名录》网络版和光盘版的基础上，组织有关专家重新审订和编写名录的印刷版。但限于资料和编研队伍等多方面因素，肯定会有诸多不尽如人意之处，恳请各位同行和专家批评指正，以便不断更新完善。

陈宜瑜

2013 年 1 月 30 日于北京

动物卷前言

《中国生物物种名录》（印刷版）动物卷是在该名录电子版的基础上，经编委会讨论协商，选择出部分关注度高、分类数据较完整、近年名录内容更新较多的动物类群，组织分类学专家再次进行审核修订，形成的中国动物名录的系列专著。它涵盖了在中国分布的脊椎动物全部类群、无脊椎动物的部分类群。目前计划出版 14 册，包括兽类（1 册）、鸟类（1 册）、爬行类（1 册）、两栖类（1 册）、鱼类（1 册）、无脊椎动物蜘蛛纲蜘蛛目（1 册）和部分昆虫（7 册）名录，以及脊椎动物总名录（1 册）。

动物卷各类群均列出了中文名、学名、异名、原始文献和国内分布，部分类群列出了国外分布和模式信息，还有部分类群将重要参考文献以其他文献的方式列出。在国内分布中，省级行政区按以下顺序排序：黑龙江、吉林、辽宁、内蒙古、河北、天津、北京、山西、山东、河南、陕西、宁夏、甘肃、青海、新疆、安徽、江苏、上海、浙江、江西、湖南、湖北、四川、重庆、贵州、云南、西藏、福建、台湾、广东、广西、海南、香港、澳门。为了便于国外读者阅读，将省级行政区英文缩写括注在中文名之后，缩写说明见前言后附表格。为规范和统一出版物中对系列书各分册的引用，我们还给出了引用方式的建议，见缩写词表格后的图书引用建议。

为了帮助各分册作者编辑名录内容，动物卷工作组建立了一个网络化的物种信息采集系统，先期将电子版的各分册内容导入，并为各作者开设了工作账号和工作空间。作者可以随时在网络平台上补充、修改和审定名录数据。在完成一个分册的名录内容后，按照名录印刷版的格式要求导出名录，形成完整规范的书稿。此平台极大地方便了作者的编撰工作，提高了印刷版名录的编辑效率。

据初步统计，共有 62 名动物分类学家参与了动物卷各分册的编写工作。编写分类学名录是一项繁琐、细致的工作，需要对研究的类群有充分了解，掌握本学科国内外的研究历史和最新动态。核对一个名称，查找一篇文献，都可能花费很多的时间精力。正是他们一丝不苟、精益求精的工作态度，不求名利的奉献精神，才使这套基础性、公益性的高质量成果得以面世。我们借此机会感谢各位专家学者默默无闻的贡献，向他们表示诚挚的敬意。

我们还要感谢丛书主编陈宜瑜，副主编洪德元、刘瑞玉、马克平、魏江春、郑光美给予动物卷编写工作的指导和支持，特别感谢马克平副主编大量具体细致的指导和帮助；感谢科学出版社编辑认真细致的编辑和联络工作。

随着分类学研究的进展，物种名录的内容也在不断更新。电子版名录在每年更新，印刷版名录也将在未来适当的时候再版。最新版的名录内容可以从物种 2000 中国节点的网站（http://www.sp2000.org.cn/）上获得。

《中国生物物种名录》动物卷工作组

2016 年 6 月

中国各省（自治区、直辖市和特区）名称和英文缩写

Abbreviations of provinces, autonomous regions and special administrative regions in China

Abb.	Regions	Abb.	Regions	Abb.	Regions	Abb.	Regions	Abb.	Regions	Abb.	Regions
AH	Anhui	GX	Guangxi	HK	Hong Kong	LN	Liaoning	SD	Shandong	XJ	Xinjiang
BJ	Beijing	GZ	Guizhou	HL	Heilongjiang	MC	Macau	SH	Shanghai	XZ	Xizang
CQ	Chongqing	HB	Hubei	HN	Hunan	NM	Inner Mongolia	SN	Shaanxi	YN	Yunnan
FJ	Fujian	HEB	Hebei	JL	Jilin	NX	Ningxia	SX	Shanxi	ZJ	Zhejiang
GD	Guangdong	HEN	Henan	JS	Jiangsu	QH	Qinghai	TJ	Tianjin		
GS	Gansu	HI	Hainan	JX	Jiangxi	SC	Sichuan	TW	Taiwan		

图书引用建议（以本书为例）

中文出版物引用：杨定，李卫海. 2018. 中国生物物种名录·第二卷动物·昆虫（Ⅲ）/ 𫌀翅目. 北京：科学出版社：引用内容所在页码

Suggested Citation: Yang D, Li W H. 2018. Species Catalogue of China. Vol. 2. Animals, Insecta (Ⅲ), Plecoptera. Beijing: Science Press: Page number for cited contents

前　言

襀翅目昆虫俗称石蝇，是常见的水生昆虫类群之一。该目系统发育地位通常被认为位于低等新翅类昆虫之间，与其他类群的亲缘关系存在较大争议。该类群广泛分布于除北极大陆外的世界各地。成虫虫体柔软，体态细长、扁平。体色变化大，中大型种类多为黄褐色，小型种类黑褐色较为常见。头宽阔，少数方形。触角丝状无变化，长度可达体长一半以上。口器咀嚼式。前胸背板近方形。复眼发达，单眼2～3枚，少数种类无单眼。翅2对，均膜质，后翅较前翅短，臀区发达；部分类群有短翅型或无翅型种类；休息时翅面平折覆于虫体背面。跗节3节。尾须1对，1节或多节，丝状。有些类群在秋冬季或早春羽化、取食和交配。稚虫水生，老熟稚虫形态和成虫较为相似，尾须1对，丝状细长，可达体长一半以上，有些类群头胸部具形态各异的气管鳃。襀翅目成虫大多不取食，少数种类曾有危害农作物和果树的报道。稚虫大多生活在冷凉洁净的流水中，以水中的小型昆虫及植物碎屑、藻类等为食，对维持水体生态平衡及净化具有一定的促进作用，同时也常被一些珍稀鱼类所取食。稚虫对水质变化较为敏感，是一类重要的环境指示生物。

据 Fochetti 和 Tierno de Figueroa（2008）的统计数据，全世界襀翅目已知2亚目16科286属3497种，但文中认为对中国种类缺乏准确的统计，当时仅计入中国种类350种。中国襀翅目昆虫区系较为丰富，目前已知540余种，在我国各行政区均有分布记录。但多数种类分布范围较窄，我国特有分布种类比例较大，实际物种数估计不少于800种。

本名录系统收录中国襀翅目北襀亚目3总科10科57属545种，其中叉襀总科昆虫233种（黑襀科6种、卷襀科60种，叉襀科165种、带襀科2种）、襀总科288种（绿襀科14种、襀科242种，网襀科32种）、大襀总科24种（扁襀科13种、大襀科1种，刺襀科10种）。同时提供了各属的学名、中文名、异名、模式种信息，以及各种的学名、中文名、异名、模式产地、分布等信息，还提供了相关的分类研究参考文献。部分名录根据已出版的《中国动物志 昆虫纲 第58卷襀翅目叉襀总科》（2015）整理完成。本名录的属种信息及参考文献的核对，还参考了美国 R. Edward DeWalt 博士（Illinois Natural History Survey）创建的 Plecoptera Species File（http://Plecoptera.SpeciesFile.org）网站数据库。

文稿承蒙北京自然博物馆李竹研究员审阅，中国科学院动物研究所纪力强研究员、武春生研究员、周红章研究员、李枢强研究员和朱朝东研究员，中国科学院植物研究所马克平研究员，首都师范大学任东教授等提出宝贵修改意见，作者在此表示衷心感谢。本名录的编研还得到了国家自然科学基金（No. 31000977、31372251）、河南省高校科技创新团队支持计划（17IRTSTHN018）及2013～2015年度中国-匈牙利科技合作委员会第6届例会项目（No. 6-33）的资助。

本名录涉及知识范围广泛，由于作者水平有限，书中难免会存在不足之处，请读者给予指正。

编著者

2017年10月

Preface

The order Plecoptera, commonly known as stoneflies, is a small order of aquatic insects. Stoneflies are usually considered to be one of the lower neopterous insects. Plecoptera is distributed worldwide except Antarctica. Adults of stoneflies are easily identified the following features: soft and flat body with various body color; chewing mouthparts; long, multiple-segmented antennae; biocellate or triocellate, sometimes ocellus absent, but always with large compound eyes; pronotum usually square, wings paired except for a few wingless groups; legs with three tarsomeres; abdomen relatively soft with a pair of one or multi-segmented cerci. The nymphs are aquatic and usually live in running waters. The nymphs are generally similar to wingless adults but always with long cerci. They often have external gills on various part of the body depending on groups, which may persist in adult stage. Plecoptera is sensitive to water pollution, and usually used as an indicator of good or excellent water quality.

According to Fochetti & Tierno de Figueroa (2008), more than 3497 species were described worldwide at that time, including 350 from China. Up to date, 540 species are reported from China with a high endemism, with an estimation of over 800 existing species.

The present catalogue includes 57 genera 545 species in 10 families in Arctoperlaria, with 14 genera 233 species in Nemouroidea (Capniidae: 1 genus 6 species; Leuctridae: 4 genera 60 species; Nemouridae: 7 genera 165 species; Taeniopterygidae: 2 genera 2 species), 37 genera 288 species in Perloidea (Chloroperlidae: 4 genera 14 species; Perlidae: 23 genera 242 species; Perlodidae: 10 genera 32 species), 6 genera 24 species in Pteronarcyoidea（Peltoperlidae: 3 genera 13 species; Pteronarcyidae: 1 genus 1 species; Styloperlidae: 2 genera 10 species). Data of the scientific name, the Chinese name, the synonym, and the type locality and distribution of each genus and species, type species for each genus and related references, are presented.

The catalogue was partially based on newly published book of "Fauna Sinica, Insecta Vol. 58, Plecoptera: Nemouroidea" and "Plecoptera Species File" website by R. Edward DeWalt et al. (Illinois Natural History Survey). The present work was partially supported by the National Natural Science Foundation of China (No. 31000977, 31372251), Aid Program for Science and Technology Innovative Research Team in Higher Educational Institutions of Henan Province (17IRTSTHN018) and the 2013–2015 Sino-Hungarian Scientific and Technological Cooperative Projects (No. 6-33).

目　　录

襀翅目 Plecoptera

真颚组 Euholognatha

叉䗛总科 Nemouroidea Newman, 1853

黑䗛科 Capniidae Klapálek, 1905

Capniidae Klapálek, 1905. Čas. Čes. Spol. Ent. 2: 30. **Type genus:** *Capnia* Pictet, 1841.

1. 黑䗛属 *Capnia* Pictet, 1841

Capnia Pictet, 1841. Histoire naturelle générale *et* particulière des insectes Névroptères 1: 318. **Type species:** *Perla nigra* Pictet, 1833 (designation by Enderlein, 1909).
Capnia: Enderlein, 1909. Zool. Anz. 34: 391; Illies, 1966. Das Tierreich 82: 12; Zhiltzova, 2003. Fauna of Russia and Neighbouring Countries 145: 318; Yang, Li *et* Zhu, 2015. Fauna Sinica Insecta 58: 71.

（1）心突黑䗛 *Capnia cordata* Kimmins, 1947

Capnia cordata Kimmins, 1947. Ann. Mag. Nat. Hist. 13: 733. **Type locality:** China (Tibet: Gyantse).
Capnia cordata: Illies, 1966. Das Tierreich 82: 135; Zwick *et* Sivec, 1980. Entomol. Basil. 5: 70; Zhiltzova, 2003. Fauna of Russia and Neighbouring Countries 145: 351; Li *et* Yang, 2009. Zootaxa 2112: 48; Yang, Li *et* Zhu, 2015. Fauna Sinica Insecta 58: 73.
分布（Distribution）：西藏（XZ）；尼泊尔

（2）珠峰黑䗛 *Capnia montivaga* Kimmins, 1947

Capnia montivaga Kimmins, 1947. Ann. Mag. Nat. Hist. 13: 737. **Type locality:** China (Tibet: Lamna La.).
Capnia montivaga: Illies, 1966. Das Tierreich 82: 142; Zhiltzova, 2003. Fauna of Russia and Neighbouring Countries 145: 351; Li *et* Yang, 2009. Zootaxa 2112: 48; Yang, Li *et* Zhu, 2015. Fauna Sinica Insecta 58: 74.
分布（Distribution）：西藏（XZ）；尼泊尔

（3）步行黑䗛 *Capnia pedestris* Kimmins, 1947

Capnia pedestris Kimmins, 1947. Ann. Mag. Nat. Hist. 13: 731. **Type locality:** China (Tibet: Rongbuk Glacier, Everest base camp).
Capnia pedestris: Illies, 1966. Das Tierreich 82: 144; Zwick, 1973. Das Tierreich 94: 376; Zwick *et* Sivec, 1980. Entomol. Basil. 5: 72; Zhiltzova, 2003. Fauna of Russia and Neighbouring Countries 145: 356; Li *et* Yang, 2009. Zootaxa 2112: 48; Yang, Li *et* Zhu, 2015. Fauna Sinica Insecta 58: 75.
分布（Distribution）：西藏（XZ）；印度、巴基斯坦、塔吉克斯坦

（4）祁连山黑䗛 *Capnia qilianshana* Li *et* Yang, 2009

Capnia qilianshana Li *et* Yang, 2009. Zootaxa 2112: 48. **Type locality:** China (Gansu: Zhangye, Main road to Mt. Qilianshan).
Capnia qilianshana: Yang, Li *et* Zhu, 2015. Fauna Sinica Insecta 58: 76.
分布（Distribution）：甘肃（GS）

（5）西藏黑䗛 *Capnia tibetana* Kimmins, 1947

Capnia tibetana Kimmins, 1947. Ann. Mag. Nat. Hist. 13: 735. **Type locality:** China (Tibet: Gaotsa).
Capnia tibetana: Illies, 1966. Das Tierreich 82: 147; Zhiltzova, 2003. Fauna of Russia and Neighbouring Countries 145: 351; Li *et* Yang, 2009. Zootaxa 2112: 48; Yang, Li *et* Zhu, 2015. Fauna Sinica Insecta 58: 77.
分布（Distribution）：西藏（XZ）

（6）云南黑䗛 *Capnia yunnana* Li *et* Yang, 2011

Capnia yunnana Li *et* Yang, 2011. *In*: Li, Kong *et* Yang, 2011. Zootaxa 2943: 66. **Type locality:** China (Yunnan Province: Deqin County, Baima snow mountain).
Capnia yunnana: Yang, Li *et* Zhu, 2015. Fauna Sinica Insecta 58: 78.
分布（Distribution）：云南（YN）

卷䗛科 Leuctridae Klapálek, 1905

Leuctridae Klapálek, 1905. Čas. Čes. Spol. Ent. 2: 32. **Type genus:** *Leuctra* Stephens, 1836.

1. 卷䗛属 *Leuctra* Stephens, 1835

Nemoura (*Leuctra*) Stephens, 1835. Illustr. Brit. Ent. 6: 144. **Type species:** *Phryganea fusca* Linné, 1758 [=*Leuctra fusca* (Linné, 1758)].
Euleuctra Illies, 1966. Das Tierreich 82: 77. **Type species:** *Leuctra geniculata* Stephens, 1836.
Nemoura (*Leuctra*): Illies, 1966. Das Tierreich 82: 76; Zwick,

1973. Das Tierreich 94: 392.
Leuctra: Yang, Li *et* Zhu, 2015. Fauna Sinica Insecta 58: 79.

（1）背突卷蜻 *Leuctra tergostyla* Wu, 1973

Leuctra tergostyla Wu, 1973. Acta Ent. Sin. 16 (2): 106. **Type locality:** China (Qinghai: Huangxian).
Leuctra tergostyla: Yang, Li *et* Zhu, 2015. Fauna Sinica Insecta 58: 81.
分布（Distribution）：青海（QH）

2. 拟卷蜻属 *Paraleuctra* Hanson, 1941

Paraleuctra Hanson, 1941. Bull. Brook. Ent. Soc. 36: 57. **Type species**: *Leuctra occidentalis* Banks, 1907 [=*Paraleuctra occidentalis* (Banks, 1907)].
Paraleuctra: Ricker, 1943. Ind. Univ. Pub. Sci. Ser. 12: 75; Illies, 1966. Das Tierreich 82: 113; Zwick, 1973. Das Tierreich 94: 409; Zhiltzova, 2003. Fauna of Russia and Neighbouring Countries 145: 491; Yang, Li *et* Zhu, 2015. Fauna Sinica Insecta 58: 82.

（2）角须拟卷蜻 *Paraleuctra cervicornis* Du *et* Qian, 2012

Paraleuctra cervicornis Du *et* Qian, 2012. J. Nat. Hist. 46 (17-18): 1059. **Type locality:** China (Sichuan: Yingjing county, Mt. Niba).
分布（Distribution）：四川（SC）

（3）东方拟卷蜻 *Paraleuctra orientalis* (Chu, 1928)

Leuctra orientalis Chu, 1928. Chin. J. Sci. Arts. 9: 87. **Type locality:** China (Zhejiang: Hangchow).
Rhopalopsole orientalis: Illies, 1966. Das Tierreich 82: 118.
Paraleuctra orientalis: Zwick, 1973. Das Tierreich 94: 410; Teslenko *et* Zhiltzova, 2009. Key to the stoneflies (Insecta, Plecoptera) of Russia and adjacent countries: 234; Li, Wang *et* Yang, 2010. Zootaxa 2350: 47; Qian *et* Du, 2012. J. Ins. Sci. 12 (47): 3; Qian, Li *et* Du, 2014. Florida Ent. 97 (2): 606; Yang, Li *et* Zhu, 2015. Fauna Sinica Insecta 58: 84.
分布（Distribution）：河南（HEN）、陕西（SN）、甘肃（GS）、浙江（ZJ）、湖南（HN）、湖北（HB）、福建（FJ）；俄罗斯

（4）祁连山拟卷蜻 *Paraleuctra qilianshana* Li *et* Yang, 2013

Paraleuctra qilianshana Li *et* Yang, 2013. Zootaxa 3702 (4): 391. **Type locality:** China (Gansu: Zhangye City, Sunan County, Qilianshan National Nature Reserve, Longchang River Protection Station).
分布（Distribution）：甘肃（GS）

（5）中华拟卷蜻 *Paraleuctra sinica* Yang *et* Yang, 1995

Paraleuctra sinica Yang *et* Yang, 1995. *In*: Zhu. Insects and Macrofungi of Gutianshan, Zhejiang: 23. **Type locality:** China (Zhejiang: Mt. Gutianshan).
Paraleuctra sinica: Li, Wang *et* Yang, 2010. Zootaxa 2350: 47; Yang, Li *et* Zhu, 2015. Fauna Sinica Insecta 58: 85.
分布（Distribution）：浙江（ZJ）

（6）天目山拟卷蜻 *Paraleuctra tianmushana* Li *et* Yang, 2010

Paraleuctra tianmushana Li *et* Yang, 2010. *In*: Li, Wang *et* Yang, 2010. Zootaxa 2350: 47. **Type locality:** China (Zhejiang: Lin'an, Mt. Tianmushan, Feiyinjianyu Stream).
Paraleuctra tianmushana: Yang, Li *et* Zhu, 2015. Fauna Sinica Insecta 58: 86.
分布（Distribution）：河南（HEN）、浙江（ZJ）

3. 皮蜻属 *Perlomyia* Banks, 1906

Perlomyia Banks, 1906. Can. Ent. 38: 338. **Type species:** *Perlomyia collaris* (Banks, 1906).
Perlomyia: Nelson *et* Hanson, 1973. J. Kans. Ent. Soc. 46 (2): 187; Zwick, 1977. Entomol. Basil. 2: 111; Yang, Li *et* Zhu, 2015. Fauna Sinica Insecta 58: 87.

（7）角状皮蜻 *Perlomyia angulata* Sivec *et* Stark, 2012

Perlomyia angulata Sivec *et* Stark, 2012. Illiesia 8 (11): 119. **Type locality:** China (Taiwan: Taichung County, W Lishan).
分布（Distribution）：台湾（TW）

（8）缺刻皮蜻 *Perlomyia excavata* Sivec *et* Stark, 2012

Perlomyia excavata Sivec *et* Stark, 2012. Illiesia 8 (11): 122. **Type locality:** China (Taiwan: Kaohsiung County, E Tientzu).
分布（Distribution）：台湾（TW）

（9）莱氏皮蜻 *Perlomyia levanidovae* (Zhiltzova, 1975)

Rhopalopsole levanidovae Zhiltzova, 1975. Zool. Zh. 54 (2): 225. **Type locality:** Russia (Primorsky krai, Barabasevka, Dakkelevskogo kluca).
Perlomyia levanidovae: Zwick, 1977. Entomol. Basil. 2: 112; Zwick, 2010. Illiesia 6 (9): 92; Sivec *et* Stark, 2012. Illiesia 8 (7): 102; Teslenko *et* Zhiltzova, 2009. Key to the stoneflies (Insecta, Plecoptera) of Russia and adjacent countries: 237; Li, Li *et* Yang, 2012. Acta Zootaxon. Sin. 38 (1): 193; Murányi, Jeon, Hwang *et* Seo, 2014. Zootaxa 3881 (2): 146.
分布（Distribution）：辽宁（LN）；俄罗斯、朝鲜、韩国

（10）台湾皮蜻 *Perlomyia taiwanensis* Sivec *et* Stark, 2012

Perlomyia taiwanensis Sivec *et* Stark, 2012. Illiesia 8 (11): 122. **Type locality:** China (Taiwan: Nantou County, W Songchuangkang).
分布（Distribution）：台湾（TW）

（11）史氏皮𫌀 *Perlomyia smithae* Nelson *et* Hanson, 1973

Perlomyia smithae Nelson *et* Hanson, 1973. J. Kans. Ent. Soc. 46 (2): 192. **Type locality:** China (Manchuria: Greater Khingan Mountains, Yalu Station).
Rhopalopsole smithae: Zhiltzova, 1975. Zool. Zh. 54 (2): 222.
Perlomyia smithae: Sivec, Harper *et* Shimizu, 2008. Scopolia 64: 119; Teslenko *et* Zhiltzova, 2009. Key to the stoneflies (Insecta, Plecoptera) of Russia and adjacent countries: 238; Murányi, Jeon, Hwang *et* Seo, 2014. Zootaxa 3881 (2): 150; Yang, Li *et* Zhu, 2015. Fauna Sinica Insecta 58: 89.
分布（Distribution）：中国东北（大兴安岭）；朝鲜、韩国、俄罗斯

4. 诺𫌀属 *Rhopalopsole* Klapálek, 1912

Rhopalopsole Klapálek, 1912. Ent. Mitt. 1: 348. **Type species:** *Rhopalopsole dentata* Klapálek, 1912.
Rhopalopsole: Illies, 1966. Das Tierreich 82: 116; Zwick, 1977. Entomol. Basil. 2: 112; Sivec, Harper *et* Shimizu, 2008. Scopolia 64: 1; Yang, Li *et* Zhu, 2015. Fauna Sinica Insecta 58: 90.

（12）钩须诺𫌀 *Rhopalopsole ampulla* Du *et* Qian, 2011

Rhopalopsole ampulla Du *et* Qian, 2011. *In* Qian *et* Du, 2011. ZooKeys 154: 4. **Type locality:** China (Guizhou: Yanhe County, Shaba Village).
分布（Distribution）：贵州（GZ）

（13）端刺诺𫌀 *Rhopalopsole apicispina* Yang *et* Yang, 1991

Rhopalopsole apicispina Yang *et* Yang, 1991. J. Hubei Univ. (Nat. Sci.) 13 (4): 369. **Type locality:** China (Hubei: Shennongjia).
Rhopalopsole jialingensis Sivec *et* Harper, 2008. *In*: Sivec, Harper *et* Shimizu, 2008. Scopolia 64: 83. **Type locality:** China (Shaanxi: Qinling Mountain Range, Mt. Tiantai, south tributary of source of Jialing River).
Rhopalopsole jialingensis: Qian, Li *et* Du, 2014. Florida Ent. 97 (2): 606; Yang, Li *et* Zhu, 2015. Fauna Sinica Insecta 58: 122.
Rhopalopsole apicispina: Du *et* Sivec, 2005. *In*: Yang X K, 2005. Insect Fauna of Middlewest Qinling Range and South Mountains of Gansu Province: 40; Sivec, Harper *et* Shimizu, 2008. Scopolia 64: 85; Qian, Li *et* Du, 2014. Florida Ent. 97 (2): 606; Yang, Li *et* Zhu, 2015. Fauna Sinica Insecta 58: 92.
分布（Distribution）：陕西（SN）、甘肃（GS）、湖北（HB）

（14）百山祖诺𫌀 *Rhopalopsole baishanzuensis* Yang *et* Li, 2006

Rhopalopsole baishanzuensis Yang *et* Li, 2006. Ent. News 117 (4): 433. **Type locality:** China (Zhejiang: Baishanzu).
Rhopalopsole baishanzuensis: Sivec, Harper *et* Shimizu, 2008. Scopolia 64: 113; Yang, Li *et* Zhu, 2015. Fauna Sinica Insecta 58: 103.
分布（Distribution）：浙江（ZJ）

（15）基黑诺𫌀 *Rhopalopsole basinigra* Yang *et* Yang, 1995

Rhopalopsole basinigra Yang *et* Yang, 1995. *In*: Zhu. Insects and Macrofungi of Gutianshan, Zhejiang: 20. **Type locality:** China (Zhejiang: Mt. Gutianshan).
Rhopalopsole basinigra: Yang, Li *et* Zhu, 2015. Fauna Sinica Insecta 58: 105.
分布（Distribution）：陕西（SN）、浙江（ZJ）

（16）双刺诺𫌀 *Rhopalopsole bispina* (Wu, 1949)

Leuctra bispina Wu, 1949. Bull. Peking Nat. Hist. 17 (4): 251. **Type locality:** China (Fujian: Ta-chu-luan, Shao-wu).
Rhopalopsole bispina: Illies, 1966. Das Tierreich 82: 117; Sivec, Harper *et* Shimizu, 2008. Scopolia 64: 10; Li *et* Yang, 2012. Zootaxa 3582: 22; Yang, Li *et* Zhu, 2015. Fauna Sinica Insecta 58: 106.
分布（Distribution）：四川（SC）、福建（FJ）

（17）刺须诺𫌀 *Rhopalopsole curvispina* Qian *et* Du, 2013

Rhopalopsole curvispina Qian *et* Du, 2013. Zootaxa 3599 (6): 588. **Type locality:** China (Guizhou: Zunyi City, Dasha River).
分布（Distribution）：贵州（GZ）

（18）锐刺诺𫌀 *Rhopalopsole dentata* Klapálek, 1912

Rhopalopsole dentata Klapálek, 1912. Ent. Mitt. 1: 349. **Type locality:** China (Taiwan: Taihorin).
Rhopalopsole dentata: Zwick, 1973. Das Tierreich 94: 411; Sivec, Harper *et* Shimizu, 2008. Scopolia 64: 93; Yang, Li *et* Zhu, 2015. Fauna Sinica Insecta 58: 107.
分布（Distribution）：台湾（TW）；日本

（19）齿叶诺𫌀 *Rhopalopsole dentiloba* (Wu, 1973)

Leuctra dentiloba Wu, 1973. Acta Ent. Sin. 16 (2): 105. **Type locality:** China (Yunnan: Xishuangbanna).
Rhopalopsole dentiloba: Sivec, Harper *et* Shimizu, 2008. Scopolia 64: 119; Yang, Li *et* Zhu, 2015. Fauna Sinica Insecta 58: 108.
分布（Distribution）：云南（YN）

（20）杜氏诺𫌀 *Rhopalopsole duyuzhoui* Sivec *et* Harper, 2008

Rhopalopsole duyuzhoui Sivec *et* Harper, 2008. *In*: Sivec, Harper *et* Shimizu, 2008. Scopolia 64: 111. **Type locality:** China (Zhejiang: Baishanzu).
Rhopalopsole duyuzhoui: Yang, Li *et* Zhu, 2015. Fauna Sinica Insecta 58: 109.
分布（Distribution）：浙江（ZJ）

（21）峨眉山诺𫌀 *Rhopalopsole emeishan* Sivec *et* Harper, 2008

Rhopalopsole emeishan Sivec *et* Harper, 2008. *In*: Sivec, Harper *et* Shimizu, 2008. Scopolia 64: 16. **Type locality:** China (Sichuan: Emei Shan, Qingyin Pavillion).

Rhopalopsole emeishan: Li *et* Yang, 2012. Zootaxa 3582: 22; Yang, Li *et* Zhu, 2015. Fauna Sinica Insecta 58: 110.

分布（Distribution）：陕西（SN）、四川（SC）、云南（YN）

（22）衍刺诺𫌀 *Rhopalopsole exiguspina* Du *et* Qian, 2011

Rhopalopsole exiguspina Du *et* Qian, 2011. ZooKeys 154: 2. **Type locality:** China (Guizhou: Yanhe County, Shaba Village).

分布（Distribution）：贵州（GZ）

（23）凤阳山诺𫌀 *Rhopalopsole fengyangshanensis* Yang, Shi *et* Li, 2009

Rhopalopsole fengyangshanensis Yang, Shi *et* Li, 2009. Trans. Am. Ent. Soc. 135: 193. **Type locality:** China (Zhejiang: Fengyangshan, Fengyanghu).

Rhopalopsole fengyangshanensis: Yang, Li *et* Zhu, 2015. Fauna Sinica Insecta 58: 112.

分布（Distribution）：浙江（ZJ）

（24）扁突诺𫌀 *Rhopalopsole flata* Yang *et* Yang, 1995

Rhopalopsole flata Yang *et* Yang, 1995. *In*: Wu. 1995. Insects of Baishanzu Mountain, Eastern China: 61. **Type locality:** China (Zhejiang: Baishanzu).

Rhopalopsole flata: Sivec, Harper *et* Shimizu, 2008. Scopolia 64: 105; Yang, Li *et* Zhu, 2015. Fauna Sinica Insecta 58: 113.

分布（Distribution）：浙江（ZJ）、湖北（HB）

（25）叉突诺𫌀 *Rhopalopsole furcata* Yang *et* Yang, 1994

Rhopalopsole furcata Yang *et* Yang, 1994. Entomotaxon. 15 (4): 189. **Type locality:** China (Shaanxi: Ningshan, Huoditang).

Rhopalopsole furcata: Yang, Li *et* Zhu, 2015. Fauna Sinica Insecta 58: 114.

分布（Distribution）：陕西（SN）

（26）叉刺诺𫌀 *Rhopalopsole furcospina* (Wu, 1973)

Leuctra furcospina Wu, 1973. Acta Ent. Sin. 16 (2): 106. **Type locality:** China (Zhejiang: Huangyan).

Rhopalopsole furcospina: Sivec, Harper *et* Shimizu, 2008. Scopolia 64: 119; Yang, Li *et* Zhu, 2015. Fauna Sinica Insecta 58: 115.

分布（Distribution）：浙江（ZJ）

（27）广东诺𫌀 *Rhopalopsole guangdongensis* Li *et* Yang, 2011

Rhopalopsole guangdongensis Li *et* Yang, 2011. Trans. Am. Ent. Soc. 137 (1-2): 199. **Type locality:** China (Guangdong: Ruyuan, Nanling National Natural Reserve, Mt. Mangshan).

分布（Distribution）：广东（GD）

（28）古田诺𫌀 *Rhopalopsole gutianensis* Yang *et* Yang, 1995

Rhopalopsole gutianensis Yang *et* Yang, 1995. *In*: Zhu. 1995. Insects and Macrofungi of Gutianshan, Zhejiang: 20. **Type locality:** China (Zhejiang: Gutianshan Mountain).

Rhopalopsole gutianensis: Sivec, Harper *et* Shimizu, 2008. Scopolia 64: 113; Yang, Li *et* Zhu, 2015. Fauna Sinica Insecta 58: 116.

分布（Distribution）：浙江（ZJ）

（29）海南诺𫌀 *Rhopalopsole hainana* Li *et* Yang, 2010

Rhopalopsole hainana Li *et* Yang, 2010. Zootaxa 2614: 59. **Type locality:** China (Hainan: Ledong, Jianfengling).

Rhopalopsole hainana: Yang, Li *et* Zhu, 2015. Fauna Sinica Insecta 58: 117.

分布（Distribution）：海南（HI）

（30）钩突诺𫌀 *Rhopalopsole hamata* Yang *et* Yang, 1995

Rhopalopsole hamata Yang *et* Yang, 1995. *In*: Zhu. Insects and Macrofungi of Gutianshan, Zhejiang: 21. **Type locality:** China (Zhejiang: Gutianshan).

Rhopalopsole hamata: Sivec, Harper *et* Shimizu, 2008. Scopolia 64: 113; Yang, Li *et* Zhu, 2015. Fauna Sinica Insecta 58: 119.

分布（Distribution）：浙江（ZJ）

（31）哈氏诺𫌀 *Rhopalopsole horvati* Sivec *et* Harper, 2008

Rhopalopsole horvati Sivec *et* Harper, 2008. *In*: Sivec, Harper *et* Shimizu, 2008. Scopolia 64: 75. **Type locality:** China (Sichuan: Emei Shan, Qingyin Pavillion).

Rhopalopsole horvati: Yang, Li *et* Zhu, 2015. Fauna Sinica Insecta 58: 120.

分布（Distribution）：陕西（SN）、四川（SC）

（32）红坪诺𫌀 *Rhopalopsole hongpingana* Sivec *et* Harper, 2008

Rhopalopsole hongpingana Sivec *et* Harper, 2008. *In*: Sivec, Harper *et* Shimizu, 2008. Scopolia 64: 81. **Type locality:** China (Hubei: Mt. Shennongjia, Hongping).

Rhopalopsole hongpingana: Yang, Li *et* Zhu, 2015. Fauna Sinica Insecta 58: 121.

分布（Distribution）：湖北（HB）

（33）鬃板诺𫌀 *Rhopalopsole intonsa* Qian *et* Du, 2012

Rhopalopsole intonsa Qian *et* Du, 2012. Entomotaxon. 34 (1): 18. **Type locality:** China (Jiangxi: Mt. Wuyi).

分布（Distribution）：江西（JX）

（34）李氏诺蜻 *Rhopalopsole lii* Li, Li *et* Yang, 2010

Rhopalopsole lii Li, Li *et* Yang, 2010. Acta Zootaxon. Sin. 35 (2): 310. **Type locality:** China (Sichuan: Qingcheng Mountain).

Rhopalopsole lii: Yang, Li *et* Zhu, 2015. Fauna Sinica Insecta 58: 123.

分布（Distribution）：四川（SC）

（35）长刺诺蜻 *Rhopalopsole longispina* Yang *et* Yang, 1991

Rhopalopsole longispina Yang *et* Yang, 1991. J. Zhejiang Forestry Coll. 8 (1): 78. **Type locality:** China (Zhejiang: Tianmushan).

Rhopalopsole longispina: Sivec, Harper *et* Shimizu, 2008. Scopolia 64: 22; Li *et* Yang, 2012. Zootaxa 3582: 22; Yang, Li *et* Zhu, 2015. Fauna Sinica Insecta 58: 124.

分布（Distribution）：浙江（ZJ）、广东（GD）

（36）龙潭诺蜻 *Rhopalopsole longtana* Li *et* Yang, 2011

Rhopalopsole longtana Li *et* Yang, 2011. In Li, Kong *et* Yang, 2011. Acta Zootaxon. Sin. 36 (2): 246. **Type locality:** China (Ningxia: Jingyuan, Longtan).

Rhopalopsole longtana: Yang, Li *et* Zhu, 2015. Fauna Sinica Insecta 58: 125.

分布（Distribution）：宁夏（NX）

（37）美兰诺蜻 *Rhopalopsole meilan* Sivec *et* Harper, 2008

Rhopalopsole meilan Sivec *et* Harper, 2008. *In*: Sivec, Harper *et* Shimizu, 2008. Scopolia 64: 63. **Type locality:** China (Taiwan: Kaohsiung County, S Meilan).

Rhopalopsole meilan: Yang, Li *et* Zhu, 2015. Fauna Sinica Insecta 58: 127.

分布（Distribution）：台湾（TW）

（38）追忆卷蜻 *Rhopalopsole memorabilis* Qian *et* Du, 2014

Rhopalopsole memorabilis Qian *et* Du, 2014. *In*: Qian, Li *et* Du, 2014. Florida Ent. 97 (2): 608. **Type locality:** China (Hubei: Shennongjia, Mt. Shimo).

分布（Distribution）：湖北（HB）

（39）小刺诺蜻 *Rhopalopsole minutospina* Li *et* Yang, 2012

Rhopalopsole minutospina Li *et* Yang, 2012. Zootaxa 3582: 17. **Type locality:** China (Zhejiang: Qingyuan County, Mt. Baishanzu, light trap).

分布（Distribution）：浙江（ZJ）

（40）宁夏诺蜻 *Rhopalopsole ningxiana* Li *et* Yang, 2010

Rhopalopsole ningxiana Li *et* Yang, 2010. Zootaxa 2614: 61. **Type locality:** China (Ningxia: Jingyuan, Longtan).

Rhopalopsole ningxiana: Yang, Li *et* Zhu, 2015. Fauna Sinica Insecta 58: 128.

分布（Distribution）：宁夏（NX）

（41）拟锐刺诺蜻 *Rhopalopsole pseudodentata* Sivec *et* Shimizu, 2008

Rhopalopsole pseudodentata Sivec *et* Shimizu, 2008. *In*: Sivec, Harper *et* Shimizu, 2008. Scopolia 64: 95. **Type locality:** China (Taiwan: Nantou-Hsian, Hohwan-His near Lishan).

Rhopalopsole pseudodentata: Yang, Li *et* Zhu, 2015. Fauna Sinica Insecta 58: 129.

分布（Distribution）：台湾（TW）

（42）秦岭诺蜻 *Rhopalopsole qinlinga* Sivec *et* Harper, 2008

Rhopalopsole qinlinga Sivec *et* Harper, 2008. *In*: Sivec, Harper *et* Shimizu, 2008. Scopolia 64: 77. **Type locality:** China (Shaanxi: Qinling Mountain Range, Liuba, Miaotaizi).

Rhopalopsole qinlinga: Yang, Li *et* Zhu, 2015. Fauna Sinica Insecta 58: 129.

分布（Distribution）：陕西（SN）

（43）曲刺诺蜻 *Rhopalopsole recurvispina* (Wu, 1949)

Leuctra recurvispina Wu, 1949. Bull. Peking Nat. Hist. 17 (4): 252. **Type locality:** China (Fujian: Shao-wu, Ta-chu-luan).

Rhopalopsole recurvispina: Illies, 1966. Das Tierreich 82: 118; Yang, Li *et* Zhu, 2015. Fauna Sinica Insecta 58: 131.

分布（Distribution）：福建（FJ）

（44）陕西诺蜻 *Rhopalopsole shaanxiensis* Yang *et* Yang, 1994

Rhopalopsole shaanxiensis Yang *et* Yang, 1994. Entomotaxon 15 (4): 189. **Type locality:** China (Shaanxi: Ningshan).

Rhopalopsole shaanxiensis: Yang, Li *et* Zhu, 2015. Fauna Sinica Insecta 58: 132.

分布（Distribution）：陕西（SN）

（45）石门台诺蜻 *Rhopalopsole shimentaiensis* Yang, Li *et* Zhu, 2004

Rhopalopsole shimentaiensis Yang, Li *et* Zhu, 2004. Ent. News 115 (5): 279. **Type locality:** China (Guangdong: Yingde, Shimentai National Forest Park).

Rhopalopsole shimentaiensis: Sivec, Harper *et* Shimizu, 2008. Scopolia 64: 113; Yang, Li *et* Zhu, 2015. Fauna Sinica Insecta 58: 134.

分布（Distribution）：广东（GD）

（46）盾板诺蜻 *Rhopalopsole siculiformis* Qian *et* Du, 2012

Rhopalopsole siculiformis Qian *et* Du, 2012. Entomotaxon. 34 (1): 19. **Type locality:** China (Yunnan: Longling County, Mt. Gaoligong).

分布（**Distribution**）：云南（YN）

（47）中华诺蜻 *Rhopalopsole sinensis* Yang *et* Yang, 1993

Rhopalopsole sinensis Yang *et* Yang, 1993. Entomotaxon. 15 (4): 236. **Type locality:** China (Guizhou: Maolan).

Rhopalopsole sinensis: Qian, Li *et* Du, 2014. Florida Ent. 97 (2): 607; Yang, Li *et* Zhu, 2015. Fauna Sinica Insecta 58: 135.

分布（**Distribution**）：河南（HEN）、陕西（SN）、宁夏（NX）、浙江（ZJ）、湖北（HB）、四川（SC）、贵州（GZ）、云南（YN）、福建（FJ）、广东（GD）、广西（GX）；越南

（48）刺板诺蜻 *Rhopalopsole spiniplatta* (Wu, 1949)

Leuctra spiniplatta Wu, 1949. Bull. Peking Nat. Hist. 17 (4): 252. **Type locality:** China (Fujian: Shao-wu, Ta-chu-luan).

Rhopalopsole spiniplatta: Illies, 1966. Das Tierreich 82: 119; Sivec, Harper *et* Shimizu, 2008. Scopolia 64: 113; Yang, Li *et* Zhu, 2015. Fauna Sinica Insecta 58: 136.

分布（**Distribution**）：福建（FJ）

（49）亚黑诺蜻 *Rhopalopsole subnigra* Okamoto, 1922

Rhopalopsole subnigra Okamoto, 1922. Bull. Agr. Exp. Stat. Chosen 1: 42. **Type locality:** Japan (Minomo near Kobe).

Rhopalopsole subnigra: Illies, 1966. Das Tierreich 82: 119; Kawai, 1968. Pac. Ins. 10 (2): 244; Zwick, 1973. Das Tierreich 94: 412; Sivec, Harper *et* Shimizu, 2008. Scopolia 64: 99; Yang, Li *et* Zhu, 2015. Fauna Sinica Insecta 58: 137.

分布（**Distribution**）：台湾（TW）；日本

（50）台湾诺蜻 *Rhopalopsole taiwanica* Sivec *et* Shimizu, 2008

Rhopalopsole taiwanica Sivec *et* Shimizu, 2008. *In*: Sivec, Harper *et* Shimizu, 2008. Scopolia 64: 38. **Type locality:** China (Taiwan: Ilan County, Chilan).

Rhopalopsole taiwanica: Yang, Li *et* Zhu, 2015. Fauna Sinica Insecta 58: 138.

分布（**Distribution**）：台湾（TW）

（51）天目山诺蜻 *Rhopalopsole tianmuana* Sivec *et* Harper, 2008

Rhopalopsole tianmuana Sivec *et* Harper, 2008. *In*: Sivec, Harper *et* Shimizu, 2008. Scopolia 64: 103. **Type locality:** China (Zhejiang: Tianmushan).

Rhopalopsole tianmuana: Yang, Li *et* Zhu, 2015. Fauna Sinica Insecta 58: 139.

分布（**Distribution**）：浙江（ZJ）

（52）三刺诺蜻 *Rhopalopsole tricuspis* Qian *et* Du, 2012

Rhopalopsole tricuspis Qian *et* Du, 2012. J. Ins. Sci. 12 (47): 6. **Type locality:** China [Shaanxi: Qinling Mountain Range, Liuba County, Miaotaizi (Zhangliang Temple)].

分布（**Distribution**）：陕西（SN）

（53）尖突诺蜻 *Rhopalopsole triseriata* Qian *et* Du, 2013

Rhopalopsole triseriata Qian *et* Du, 2013. Zootaxa 3599 (6): 590. **Type locality:** China (Sichuan: Luding County, Hailuogou).

分布（**Distribution**）：四川（SC）

（54）卧龙诺蜻 *Rhopalopsole wolong* Li *et* Yang, 2012

Rhopalopsole wolong Li *et* Yang, 2012. Zootaxa 3582: 18. **Type locality:** China (Sichuan: Wolong, unnamed stream of Yinchanggou Gully).

分布（**Distribution**）：四川（SC）

（55）武陵诺蜻 *Rhopalopsole wulingensis* Sivec *et* Shimizu, 2008

Rhopalopsole wulingensis Sivec *et* Shimizu, 2008. *In*: Sivec, Harper *et* Shimizu, 2008. Scopolia 64: 97. **Type locality:** China (Taiwan: Taichung-Hsin, Wuling Farm, Sueisan-Hsi).

Rhopalopsole wulingensis: Yang, Li *et* Zhu, 2015. Fauna Sinica Insecta 58: 141.

分布（**Distribution**）：台湾（TW）

（56）许氏诺蜻 *Rhopalopsole xui* Yang, Li *et* Zhu, 2004

Rhopalopsole xui Yang, Li *et* Zhu, 2004. Ent. News 115 (5): 280. **Type locality:** China (Guangdong: Ruyuan, Nanling National Natural Reserve).

Rhopalopsole xui: Sivec, Harper *et* Shimizu, 2008. Scopolia 64: 113; Li *et* Yang, 2012. Zootaxa 3582: 26; Yang, Li *et* Zhu, 2015. Fauna Sinica Insecta 58: 142.

分布（**Distribution**）：广东（GD）

（57）雅君诺蜻 *Rhopalopsole yajunae* Li *et* Yang, 2010

Rhopalopsole yajunae Li *et* Yang, 2010. *In*: Li, Lu *et* Yang, 2010. Ent. News 121 (2): 163. **Type locality:** China (Zhejiang: Fengyangshan).

Rhopalopsole yajunae: Yang, Li *et* Zhu, 2015. Fauna Sinica Insecta 58: 143.

分布（**Distribution**）：浙江（ZJ）

（58）杨氏诺蜻 *Rhopalopsole yangdingi* Sivec *et* Harper, 2008

Rhopalopsole yangdingi Sivec *et* Harper, 2008. *In*: Sivec, Harper *et* Shimizu, 2008. Scopolia 64: 109. **Type locality:** China (Jiangxi: Mt. Dayue).

Rhopalopsole yangdingi: Yang, Li *et* Zhu, 2015. Fauna Sinica Insecta 58: 143.

分布（**Distribution**）：江西（JX）

(59)云南诺𫌀 *Rhopalopsole yunnana* Sivec *et* Harper, 2008

Rhopalopsole yunnana Sivec *et* Harper, 2008. *In*: Sivec, Harper *et* Shimizu, 2008. Scopolia 64: 56. **Type locality:** China (Yunnan: Binchuan, Mt. Jizu).
Rhopalopsole yunnana: Yang, Li *et* Zhu, 2015. Fauna Sinica Insecta 58: 145.
分布（**Distribution**）：云南（YN）

(60) 浙江诺𫌀 *Rhopalopsole zhejiangensis* Yang *et* Yang, 1995

Rhopalopsole zhejiangensis Yang *et* Yang, 1995. *In*: Zhu. Insects and Macrofungi of Gutianshan, Zhejiang: 21. **Type locality:** China (Zhejiang: Gutianshan Mountain).
Rhopalopsole zhejiangensis: Sivec, Harper *et* Shimizu, 2008. Scopolia 64: 107; Yang, Li *et* Zhu, 2015. Fauna Sinica Insecta 58: 147.
分布（**Distribution**）：浙江（ZJ）

叉𫌀科 Nemouridae Newman, 1853

Nemouridae Newman, 1853. Zoologist 11: 190. **Type genus:** *Nemoura* Latreille, 1796.
Nemourini Newman, 1853. Banks, 1900 (1899). Trans. Amer. Ent. Soc. 26 (3): 240. **Type genus:** *Nemoura* Latreille, 1796.
Nemuridae Klapálek, 1905. Čas. Čes. Spol. Ent. 2: 27. **Type genus:** *Nemura* Rambur, 1842 (= *Nemoura* Latreille, 1796).

倍叉𫌀亚科 Amphinemurinae Baumann, 1975

Amphinemurinae Baumann, 1975. Smithson. Contrib. Zool. 211: 10. **Type genus:** *Amphinemura* Ris, 1902.
Amphinemurinae: Yang, Li *et* Zhu, 2015. Fauna Sinica Insecta 58: 148.

1. 倍叉𫌀属 *Amphinemura* Ris, 1902

Nemoura (*Amphinemura*) Ris, 1902. Mitt. Schweiz. Ent. Ges. 10: 384. **Type species**: *Nemoura cinerea* Olivier, 1811 [= *Amphinemura sulcicollis* (Stephens, 1835)].
Nemoura (*Amphinemura*): Illies, 1966. Das Tierreich 82: 178; Zwick, 1973. Das Tierreich 94: 322; Baumann, 1975. Smithson. Contrib. Zool. 211: 11.
Amphinemura: Yang, Li *et* Zhu, 2015. Fauna Sinica Insecta 58: 149.

(1) 尖突倍叉𫌀 *Amphinemura acutata* Zhu *et* Yang, 2002

Amphinemura acutata Zhu *et* Yang, 2002. Acta Zootaxon. Sin. 27 (4): 745. **Type locality:** China (Gansu: Lazikou).
Amphinemura acutata: Yang, Li *et* Zhu, 2015. Fauna Sinica Insecta 58: 171.
分布（**Distribution**）：甘肃（GS）

(2) 钩突倍叉𫌀 *Amphinemura ancistroidea* Li *et* Yang, 2007

Amphinemura ancistroidea Li *et* Yang, 2007. Zootaxa 1511: 56. **Type locality:** China (Guangdong: Yingde, Shimentai).
Amphinemura ancistroidea: Yang, Li *et* Zhu, 2015. Fauna Sinica Insecta 58: 172.
分布（**Distribution**）：广东（GD）

(3) 环叶倍叉𫌀 *Amphinemura annulata* Du *et* Ji, 2014

Amphinemura annulata Du *et* Ji, 2014. *In*: Ji, Du *et* Wang, 2014. ZooKeys 404: 24. **Type locality:** China (Zhejiang: Mt. Tianmushan).
分布（**Distribution**）：山西（SX）、陕西（SN）、浙江（ZJ）、贵州（GZ）

(4) 球端倍叉𫌀 *Amphinemura apiciglobosa* Li *et* Yang, 2008

Amphinemura apiciglobosa Li *et* Yang, 2008. Aquat. Ins. 30 (3): 205. **Type locality:** China (Yunnan: Hushui, Yaojiaping).
Amphinemura apiciglobosa: Yang, Li *et* Zhu, 2015. Fauna Sinica Insecta 58: 174.
分布（**Distribution**）：云南（YN）

(5)耳突倍叉𫌀 *Amphinemura auriculata* Du *et* Wang, 2007

Amphinemura auriculata Du *et* Wang, 2007. Zootaxa 1554: 57. **Type locality:** China (Yunnan: Eryuan, Futian village).
Amphinemura auriculata: Yang, Li *et* Zhu, 2015. Fauna Sinica Insecta 58: 175.
分布（**Distribution**）：云南（YN）

(6) 双钩倍叉𫌀 *Amphinemura bihamita* Li *et* Yang, 2008

Amphinemura bihamita Li *et* Yang, 2008. Aquat. Ins. 30 (3): 207. **Type locality:** China (Sichuan: Kangding, Mugecuo).
Amphinemura bihamita: Yang, Li *et* Zhu, 2015. Fauna Sinica Insecta 58: 176.
分布（**Distribution**）：四川（SC）

(7) 二叶倍叉𫌀 *Amphinemura biloba* Du *et* Zhou, 2007

Amphinemura biloba Du et Zhou, 2007. *In*: Du, Wang *et* Zhou, 2007. Aquat. Ins. 29 (4): 297. **Type locality:** China (Sichuan: Xiaohaizi Hill between Sangdui of Daocheng and Litang).
Amphinemura biloba: Yang, Li *et* Zhu, 2015. Fauna Sinica Insecta 58: 177.
分布（**Distribution**）：四川（SC）

(8) 斧状倍叉𫌀 *Amphinemura cestroidea* Li *et* Yang, 2005

Amphinemura cestroidea Li et Yang, 2005. Zootaxa 1083: 64.

Type locality: China (Sichuan: Nanping).
Amphinemura cestroidea: Yang, Li *et* Zhu, 2015. Fauna Sinica Insecta 58: 179.
分布（**Distribution**）：四川（SC）

（9）朱氏倍叉𫌀 *Amphinemura chui* (Wu, 1935)

Nemoura (*Amphinemura*) *chui* Wu, 1935. Peking Nat. Hist. Bull. 9 (3): 238. **Type locality:** China (Zhejiang: Hangchow).
Nemoura (*Amphinemura*) *sinensis* Chu, 1928. China J. 9: 88. **Type locality:** China (Zhejiang: Hangchow).
Nemoura (*Amphinemura*) *chui*: Wu, 1938. Plecopt. Sin.: 166.
Amphinemura chui: Illies, 1966. Das Tierreich 82: 179; Baumann, 1975. Smithson. Contrib. Zool. 211: 12; Yang, Li *et* Zhu, 2015. Fauna Sinica Insecta 58: 180.
分布（**Distribution**）：浙江（ZJ）

（10）凯氏倍叉𫌀 *Amphinemura claassenia* (Wu, 1935)

Nemoura (*Amphinemura*) *claassenia* Wu, 1935. Peking Nat. Hist. Bull. 9 (3): 239. **Type locality:** China (Jiangxi: Ma-tang-shan).
Nemoura (*Amphinemura*) *claassenia*: Wu, 1938. Plecopt. Sin.: 167.
Amphinemura claassenia: Illies, 1966. Das Tierreich 82: 179; Baumann, 1975. Smithson. Contrib. Zool. 211: 12; Yang, Li *et* Zhu, 2015. Fauna Sinica Insecta 58: 181.
分布（**Distribution**）：江西（JX）

（11）锤叶倍叉𫌀 *Amphinemura claviloba* (Wu, 1973)

Nemoura claviloba Wu, 1973. Acta Ent. Sin. 16 (2): 101. **Type locality:** China (Gansu: Wen Hsien).
Amphinemura claviloba: Baumann, 1975. Smithson. Contrib. Zool. 211: 12; Li *et* Yang, 2008. Aquat. Ins. 30 (3): 219; Yang, Li *et* Zhu, 2015. Fauna Sinica Insecta 58: 182.
分布（**Distribution**）：甘肃（GS）、四川（SC）

（12）心突倍叉𫌀 *Amphinemura cordiformis* Li *et* Yang, 2006

Amphinemura cordiformis Li *et* Yang, 2006. Zootaxa 1154: 42. **Type locality:** China (Guizhou: Dashahe).
Amphinemura cordiformis: Yang, Li *et* Zhu, 2015. Fauna Sinica Insecta 58: 182.
分布（**Distribution**）：贵州（GZ）

（13）角叶倍叉𫌀 *Amphinemura cornuloba* (Wu, 1973)

Nemoura cornuloba Wu, 1973. Acta Ent. Sin. 16 (2): 101. **Type locality:** China (Yunnan: Xishuangbanna).
Amphinemura cornuloba: Baumann, 1975. Smithson. Contrib. Zool. 211: 12; Yang, Li *et* Zhu, 2015. Fauna Sinica Insecta 58: 185.
分布（**Distribution**）：云南（YN）

（14）隐尾倍叉𫌀 *Amphinemura cryptocercia* (Wu, 1938)

Nemoura (*Protonemura*) *cryptocercia* Wu, 1938. Plecopt. Sin.: 168. **Type locality:** China (Gansu: Hahaye).
Protonemura cryptocercia: Illies, 1966. Das Tierreich 82: 228.
Amphinemura cryptocercia: Baumann, 1975. Smithson. Contrib. Zool. 211: 12; Yang, Li *et* Zhu, 2015. Fauna Sinica Insecta 58: 186.
分布（**Distribution**）：甘肃（GS）

（15）栉刺倍叉𫌀 *Amphinemura ctenospina* Li *et* Yang, 2008

Amphinemura ctenospina Li *et* Yang, 2008. Aquat. Ins. 30 (3): 208. **Type locality:** China (Yunnan: Hushui, Yaojiaping).
Amphinemura ctenospina: Yang, Li *et* Zhu, 2015. Fauna Sinica Insecta 58: 187.
分布（**Distribution**）：云南（YN）

（16）弯齿倍叉𫌀 *Amphinemura curvidens* Shimizu, 1998

Amphinemura curvidens Shimizu, 1998. Jpn. J. Syst. Ent. 4 (2): 235. **Type locality:** China (Taiwan: Taitung).
Amphinemura curvidens: Yang, Li *et* Zhu, 2015. Fauna Sinica Insecta 58: 188.
分布（**Distribution**）：台湾（TW）

（17）弯刺倍叉𫌀 *Amphinemura curvispina* (Wu, 1973)

Nemoura curvispina Wu, 1973. Acta Ent. Sin. 16 (2): 101. **Type locality:** China (Hunan: Yuelu).
Indonemoura guangxiensis Li *et* Yang, 2005. *In*: Li, Yang *et* Sivec, 2005. Zootaxa 893: 1. **Type locality:** China (Guangxi: Maoershan).
Indonemoura guangxiensis: Yang, Li *et* Zhu, 2015. Fauna Sinica Insecta 58: 189.
Amphinemura curvispina: Baumann, 1975. Smithson. Contrib. Zool. 211: 12.
分布（**Distribution**）：浙江（ZJ）、湖南（HN）、福建（FJ）、广西（GX）

（18）齿叶倍叉𫌀 *Amphinemura dentiloba* (Wu, 1973)

Nemoura dentiloba Wu, 1973. Acta Ent. Sin. 16 (2): 102. **Type locality:** China (Yunnan: Xishuangbanna, Mengsong).
Amphinemura dentiloba: Baumann, 1975. Smithson. Contrib. Zool. 211: 12; Yang, Li *et* Zhu, 2015. Fauna Sinica Insecta 58: 190.
分布（**Distribution**）：云南（YN）

（19）双突倍叉𫌀 *Amphinemura didyma* Zhu *et* Yang, 2002

Amphinemura didyma Zhu *et* Yang, 2002. Acta Zootaxon. Sin. 27 (4): 747. **Type locality:** China (Ningxia: Liupanshan).
Amphinemura didyma: Li *et* Yang, 2008. *In*: Shen X *et* Lu Ch. The Fauna and Taxonomy of Insects in Henan 6: 13; Li, Murányi, Pan *et* Yang, 2013. Zootaxa 3746 (3): 475; Yang, Li *et* Zhu, 2015. Fauna Sinica Insecta 58: 192.

分布（**Distribution**）：内蒙古（NM）、河南（HEN）、宁夏（NX）

（20）指突倍叉蜻 *Amphinemura digitata* Ji *et* Du, 2014

Amphinemura digitata Ji *et* Du, 2014. Florida Ent. 97 (2): 694. **Type locality:** China (Sichuan: Pingwu County, Laohegou Natural Reserves).

分布（**Distribution**）：四川（SC）

（21）排刺倍叉蜻 *Amphinemura dispositspina* Du *et* Wang, 2007

Amphinemura dispositspina Du *et* Wang, 2007. Zootaxa 1554: 58. **Type locality:** China (Yunnan: Eryuan, Futian village).

Amphinemura dispositspina: Yang, Li *et* Zhu, 2015. Fauna Sinica Insecta 58: 193.

分布（**Distribution**）：云南（YN）

（22）长突倍叉蜻 *Amphinemura elongata* Li, Yang *et* Sivec, 2005

Amphinemura elongata Li, Yang *et* Sivec, 2005. Ent. News 116: 93. **Type locality:** China (Zhejiang: Qingquan, Baishanzu Mountain, Wulingkeng).

Amphinemura elongata: Yang, Li *et* Zhu, 2015. Fauna Sinica Insecta 58: 194.

分布（**Distribution**）：浙江（ZJ）、福建（FJ）

（23）镰叶倍叉蜻 *Amphinemura falciloba* (Wu, 1973)

Nemoura falciloba Wu, 1973. Acta Ent. Sin. 16 (2): 102. **Type locality:** China (Gansu: Yü-chung).

Amphinemura falciloba: Baumann, 1975. Smithson. Contrib. Zool. 211: 12; Yang, Li *et* Zhu, 2015. Fauna Sinica Insecta 58: 195.

分布（**Distribution**）：甘肃（GS）

（24）细臂倍叉蜻 *Amphinemura filarmia* Li *et* Yang, 2007

Amphinemura filarmia Li *et* Yang, 2007. Zootaxa 1511: 57. **Type locality:** China (Guangdong: Ruyuan, Nanling).

Amphinemura filarmia: Yang, Li *et* Zhu, 2015. Fauna Sinica Insecta 58: 196.

分布（**Distribution**）：广东（GD）

（25）丝叶倍叉蜻 *Amphinemura fililoba* (Wu, 1973)

Nemoura fililoba Wu, 1973. Acta Ent. Sin. 16 (2): 103. **Type locality:** China (Yunnan: Meng-hun).

Amphinemura fililoba: Baumann, 1975. Smithson. Contrib. Zool. 211: 12; Yang, Li *et* Zhu, 2015. Fauna Sinica Insecta 58: 198.

分布（**Distribution**）：云南（YN）

（26）扇叶倍叉蜻 *Amphinemura flabellata* Li *et* Yang, 2008

Amphinemura flabellata Li *et* Yang, 2008. Aquat. Ins. 30 (3): 209. **Type locality:** China (Yunnan: Jinping, Dazhai).

Amphinemura flabellata: Yang, Li *et* Zhu, 2015. Fauna Sinica Insecta 58: 199.

分布（**Distribution**）：云南（YN）

（27）黄颈倍叉蜻 *Amphinemura flavicollis* Klapálek, 1912

Amphinemura flavicollis Klapálek, 1912. Ent. Mitt. 1: 347. **Type locality:** China (Taiwan: Taihorinsho).

Nemoura nigritula Navás, 1932. Mem. Pont. Acad. Sci. Nuovi Lincei. 2 (16): 918. **Type locality:** China (Taiwan: Anping).

Amphinemura flavicollis: Okamoto, 1922. Bull. Agr. Exp. Stat. Chosen 1: 27; Illies, 1966. Das Tierreich 82: 180; Kawai, 1968. Pac. Ins. 10 (2): 241; Yang, Li *et* Zhu, 2015. Fauna Sinica Insecta 58: 200.

分布（**Distribution**）：台湾（TW）

（28）黄甲倍叉蜻 *Amphinemura flavinotus* Shimizu, 1997

Amphinemura flavinotus Shimizu, 1997. Jpn. J. Syst. Ent. 3 (1): 81. **Type locality:** China (Taiwan: Nantou).

Amphinemura flavinotus: Yang, Li *et* Zhu, 2015. Fauna Sinica Insecta 58: 201.

分布（**Distribution**）：台湾（TW）；日本

（29）鸢尾倍叉蜻 *Amphinemura fleurdelia* (Wu, 1949)

Nemoura (*Protonemura*) *fleurdelia* Wu, 1949. Peking Nat. Hist. Bull. 17 (4): 253. **Type locality:** China (Fujian: Shao-wu, Ta-chu-luan).

Protonemura fleurdelia: Illies, 1966. Das Tierreich 82: 229.

Amphinemura fleurdelia: Baumann, 1975. Smithson. Contrib. Zool. 211: 12; Li, Yang *et* Sivec, 2005. Ent. News 116: 94; Yang, Li *et* Zhu, 2015. Fauna Sinica Insecta 58: 202.

分布（**Distribution**）：福建（FJ）、广东（GD）

（30）铗叶倍叉蜻 *Amphinemura forcipiloba* (Wu, 1962)

Nemoura forcipiloba Wu, 1962. Acta Ent. Sin. 11 (Suppl.): 141. **Type locality:** China (Sichuan: Emei shan).

Amphinemura forcipiloba: Baumann, 1975. Smithson. Contrib. Zool. 211: 12; Yang, Li *et* Zhu, 2015. Fauna Sinica Insecta 58: 204.

分布（**Distribution**）：四川（SC）

（31）叉刺倍叉蜻 *Amphinemura furcospinata* (Wu, 1949)

Protonemura furcospinata Wu, 1949. Peking Nat. Hist. Bull. 17 (4): 253. **Type locality:** China (Fujian: Shao-wu, Ta-chu-luan).

Amphinemura furcospinata: Baumann, 1975. Smithson. Contrib. Zool. 211: 12; Yang, Li *et* Zhu, 2015. Fauna Sinica Insecta 58: 205.

分布（**Distribution**）：福建（FJ）

（32）叉突倍叉蜻 *Amphinemura furcostyla* (Wu, 1973)

Nemoura furcostyla Wu, 1973. Acta Ent. Sin. 16 (2): 103. **Type locality:** China (Sichuan: Emei Shan).

Amphinemura furcostyla: Baumann, 1975. Smithson. Contrib. Zool. 211: 12; Yang, Li *et* Zhu, 2015. Fauna Sinica Insecta 58: 206.

分布（Distribution）：四川（SC）

（33）广东倍叉蜻 *Amphinemura guangdongensis* Yang, Li *et* Zhu, 2004

Amphinemura guangdongensis Yang, Li *et* Zhu, 2004. Ent. News 115: 226. **Type locality:** China (Guangdong: Nanling, Ruyuan).

Amphinemura guangdongensis: Yang, Li *et* Zhu, 2015. Fauna Sinica Insecta 58: 207.

分布（Distribution）：浙江（ZJ）、广东（GD）

（34）贵州倍叉蜻 *Amphinemura guizhouensis* Li *et* Yang, 2006

Amphinemura guizhouensis Li *et* Yang, 2006. Zootaxa 1154: 44. **Type locality:** China (Guizhou: Leigong Mountain, Linchang).

Amphinemura guizhouensis: Yang, Li *et* Zhu, 2015. Fauna Sinica Insecta 58: 208.

分布（Distribution）：贵州（GZ）

（35）环刺倍叉蜻 *Amphinemura gyracantha* Ji *et* Du, 2014

Amphinemura gyracantha Ji *et* Du, 2014. Florida Ent. 97 (2): 692. **Type locality:** China (Sichuan: Pingwu County, Laohegou Natural Reserves).

分布（Distribution）：四川（SC）

（36）海南倍叉蜻 *Amphinemura hainana* Li *et* Yang, 2008

Amphinemura hainana Li *et* Yang, 2008. Zootaxa 1892: 65. **Type locality:** China (Hainan: Ledong, Jianfengling, Nantianchi).

Amphinemura hainana: Yang, Li *et* Zhu, 2015. Fauna Sinica Insecta 58: 210.

分布（Distribution）：内蒙古（NM）、云南（YN）、广西（GX）、海南（HI）；越南

（37）钩叶倍叉蜻 *Amphinemura hamatmicroda* Du *et* Wang, 2007

Amphinemura hamatmicroda Du *et* Wang, 2007. Zootaxa 1554: 60. **Type locality:** China (Yunnan: Eryuan, Futian village).

Amphinemura hamatmicroda: Yang, Li *et* Zhu, 2015. Fauna Sinica Insecta 58: 211.

分布（Distribution）：云南（YN）

（38）饰钩倍叉蜻 *Amphinemura hamiornata* Li *et* Yang, 2008

Amphinemura hamiornata Li *et* Yang, 2008. Aquat. Ins. 30 (3): 211. **Type locality:** China (Guangxi: Shangsi, Shiwandashan).

Amphinemura hamiornata: Yang, Li *et* Zhu, 2015. Fauna Sinica Insecta 58: 212.

分布（Distribution）：广西（GX）

（39）戟状倍叉蜻 *Amphinemura hastata* (Wu, 1973)

Nemoura hastata Wu, 1973. Acta Ent. Sin. 16 (2): 104. **Type locality:** China (Qinghai: Datong).

Amphinemura hastata: Baumann, 1975. Smithson. Contrib. Zool. 211: 12; Yang, Li *et* Zhu, 2015. Fauna Sinica Insecta 58: 214.

分布（Distribution）：甘肃（GS）、青海（QH）

（40）贺兰山倍叉蜻 *Amphinemura helanshana* Li, Murányi *et* Yang, 2013

Amphinemura helanshana Li, Murányi *et* Yang, 2013. *In*: Li, Murányi, Pan *et* Yang, 2013. Zootaxa 3746 (3): 474. **Type locality:** China (Inner Mongolia: Bayehot, Helan Mountains, Halawubeigou Gully).

分布（Distribution）：内蒙古（NM）

（41）间臂倍叉蜻 *Amphinemura interrupta* Li *et* Yang, 2008

Amphinemura interrupta Li *et* Yang, 2008. Zootaxa 1926: 61. **Type locality:** China (Yunnan: Dulongjiang).

Amphinemura interrupta: Yang, Li *et* Zhu, 2015. Fauna Sinica Insecta 58: 215.

分布（Distribution）：云南（YN）

（42）江西倍叉蜻 *Amphinemura kiangsiensis* (Wu, 1935)

Nemoura (*Amphinemura*) *kiangsiensis* Wu, 1935. Peking Nat. Hist. Bull. 9 (3): 241. **Type locality:** China (Jiangxi: Ma-tang-shan).

Nemoura (*Amphinemura*) *kiangsiensis*: Wu, 1938. Plecopt. Sin.: 174.

Amphinemura kiangsiensis: Illies, 1966. Das Tierreich 82: 181; Baumann, 1975. Smithson. Contrib. Zool. 211: 12; Yang, Li *et* Zhu, 2015. Fauna Sinica Insecta 58: 216.

分布（Distribution）：江西（JX）

（43）侧囊倍叉蜻 *Amphinemura latifollicula* Du *et* Wang, 2007

Amphinemura latifollicula Du *et* Wang, 2007. Zootaxa 1554: 61. **Type locality:** China (Yunnan: Baoshan, Gongshan, Gaoli village).

Amphinemura latifollicula: Yang, Li *et* Zhu, 2015. Fauna Sinica Insecta 58: 217.

分布（Distribution）：云南（YN）

（44）雷公倍叉蜻 *Amphinemura leigong* Wang *et* Du, 2006

Amphinemura leigong Wang *et* Du, 2006. *In*: Wang, Du, Sivec

et Li, 2006. Illiesia 2 (7): 52. **Type locality:** China (Guizhou: Leigong Mountain, Dashahe).
Amphinemura leigong: Yang, Li *et* Zhu, 2015. Fauna Sinica Insecta 58: 218.
分布（**Distribution**）：贵州（GZ）

（45）黎氏倍叉蜻 *Amphinemura licenti* (Wu, 1938)

Nemoura (*Amphinemura*) *licenti* Wu, 1938. Plecopt. Sin.: 175. **Type locality:** China (Gansu: Cheumen).
Amphinemura licenti: Baumann, 1975. Smithson. Contrib. Zool. 211: 12; Yang, Li *et* Zhu, 2015. Fauna Sinica Insecta 58: 220.
分布（**Distribution**）：甘肃（GS）

（46）李氏倍叉蜻 *Amphinemura lii* Zhu *et* Yang, 2003

Amphinemura lii Zhu *et* Yang, 2003. Ent. Sin. 10 (1): 53. **Type locality:** China (Tibet: Milin).
Amphinemura lii: Yang, Li *et* Zhu, 2015. Fauna Sinica Insecta 58: 221.
分布（**Distribution**）：西藏（XZ）

（47）舌叶倍叉蜻 *Amphinemura lingulata* Du *et* Wang, 2014

Amphinemura lingulata Ji, Du *et* Wang, 2014. ZooKeys 404: 26. **Type locality:** China (Shaanxi: Houzhenzi, Upriver of Hougou).
分布（**Distribution**）：陕西（SN）、四川（SC）

（48）泸定倍叉蜻 *Amphinemura ludinganus* Li *et* Yang, 2008

Amphinemura ludinganus Li *et* Yang, 2008. Aquat. Ins. 30 (3): 212. **Type locality:** China (Sichuan: Luding, Moxi, Yajiageng).
Amphinemura ludinganus: Yang, Li *et* Zhu, 2015. Fauna Sinica Insecta 58: 222.
分布（**Distribution**）：四川（SC）

（49）环突倍叉蜻 *Amphinemura macrotubifera* Du *et* Zhou, 2007

Amphinemura macrotubifera Du *et* Zhou, 2007. *In*: Du, Wang *et* Zhou, 2007. Aquat. Ins. 29 (4): 299. **Type locality:** China (Yunnan: Hutiao Gorge).
Amphinemura macrotubifera: Yang, Li *et* Zhu, 2015. Fauna Sinica Insecta 58: 223.
分布（**Distribution**）：云南（YN）

（50）锤突倍叉蜻 *Amphinemura malleicapitata* Li *et* Yang, 2006

Amphinemura malleicapitata Li *et* Yang, 2006. Zootaxa 1154: 45. **Type locality:** China (Guizhou: Fanjing Mountain, Mianxuling).
Amphinemura malleicapitata: Yang, Li *et* Zhu, 2015. Fauna Sinica Insecta 58: 225.
分布（**Distribution**）：贵州（GZ）

（51）乳突倍叉蜻 *Amphinemura mamillata* Li *et* Yang, 2008

Amphinemura mamillata Li *et* Yang, 2008. *In*: Shen X *et* Lu Ch. The Fauna and Taxonomy of Insects in Henan 6: 11. **Type locality:** China (Henan: Nanyang, Neixiang, Baotianman).
Amphinemura mamillata: Yang, Li *et* Zhu, 2015. Fauna Sinica Insecta 58: 226.
分布（**Distribution**）：河南（HEN）、宁夏（NX）

（52）毛氏倍叉蜻 *Amphinemura maoi* (Wu, 1938)

Nemoura (*Amphinemura*) *maoi* Wu, 1938. Plecopt. Sin.: 178. **Type locality:** China (Hunan: Changsha, Yuch-lu-shan).
Amphinemura maoi: Illies, 1966. Das Tierreich 82: 182; Baumann, 1975. Smithson. Contrib. Zool. 211: 12; Yang, Li *et* Zhu, 2015. Fauna Sinica Insecta 58: 228.
分布（**Distribution**）：湖南（HN）、四川（SC）

（53）奇突倍叉蜻 *Amphinemura mirabilis* (Martynov, 1928)

Protonemura mirabilis Martynov, 1928. Gorsky Inst. Agron. Stat. Biol. Caucase Nord. Trav. 5: 2: 31. **Type locality:** Kaukasus.
Nemoura (*Amphinemura*) *mirabilis*: Aubert, 1959. Mem. Soc. Vaud. Sci. Nat. 12: 69.
Amphinemura mirabilis: Zhiltzova, 1961. Gew. u. Abw. 34/35: 111; Illies, 1966. Das Tierreich 82: 182; Baumann, 1975. Smithson. Contrib. Zool. 211: 12; Teslenko *et* Zhiltzova, 2009. Key to the stoneflies (Insecta, Plecoptera) of Russia and adjacent countries: 116; Yang, Li *et* Zhu, 2015. Fauna Sinica Insecta 58: 229.
分布（**Distribution**）：新疆（XJ）；亚美尼亚、格鲁吉亚、伊朗、哈萨克斯坦、吉尔吉斯斯坦、巴基斯坦、俄罗斯、塔吉克斯坦、突厥斯坦、土库曼斯坦、乌兹别克斯坦

（54）莫干山倍叉蜻 *Amphinemura mokanshanensis* (Wu, 1938)

Nemoura (*Amphinemura*) *mokanshanensis* Wu, 1938. Plecopt. Sin.: 181. **Type locality:** China (Zhejiang: Mokanshan).
Amphinemura mokanshanensis: Illies, 1966. Das Tierreich 82: 183; Baumann, 1975. Smithson. Contrib. Zool. 211: 12; Yang, Li *et* Zhu, 2015. Fauna Sinica Insecta 58: 231.
分布（**Distribution**）：浙江（ZJ）

（55）多刺倍叉蜻 *Amphinemura multispina* (Wu, 1973)

Nemoura multispina Wu, 1973. Acta Ent. Sin. 16 (2): 104. **Type locality:** China (Sichuan: Emei Shan).
Amphinemura multispina: Baumann, 1975. Smithson. Contrib. Zool. 211: 12; Yang, Li *et* Zhu, 2015. Fauna Sinica Insecta 58: 232.
分布（**Distribution**）：四川（SC）

（56）南岭倍叉蜻 *Amphinemura nanlingensis* Yang, Li *et* Sivec, 2005

Amphinemura nanlingensis Yang, Li *et* Sivec, 2005. Zootaxa 805: 2. **Type locality:** China (Guangdong: Ruyuan, Nanling).
Amphinemura nanlingensis: Yang, Li *et* Zhu, 2015. Fauna Sinica Insecta 58: 232.
分布（**Distribution**）：广东（GD）

（57）黑管倍叉蜻 *Amphinemura nigritubulata* Li *et* Yang, 2008

Amphinemura nigritubulata Li *et* Yang, 2008. Zootaxa 1926: 63. **Type locality:** China (Yunnan: Jinping, Fenshuiling).
Amphinemura nigritubulata: Yang, Li *et* Zhu, 2015. Fauna Sinica Insecta 58: 234.
分布（**Distribution**）：云南（YN）

（58）宁夏倍叉蜻 *Amphinemura ningxiana* Li *et* Yang, 2011

Amphinemura ningxiana Li *et* Yang, 2011. Zootaxa 2975: 29. **Type locality:** China (Ningxia: Jingyuan).
Amphinemura ningxiana: Yang, Li *et* Zhu, 2015. Fauna Sinica Insecta 58: 235.
分布（**Distribution**）：宁夏（NX）

（59）卵形倍叉蜻 *Amphinemura ovalis* Li *et* Yang, 2005

Amphinemura ovalis Li *et* Yang, 2005. Zootaxa 1083: 66. **Type locality:** China (Sichuan: Emei Mountain, Xixiangchi).
Amphinemura ovalis: Yang, Li *et* Zhu, 2015. Fauna Sinica Insecta 58: 236.
分布（**Distribution**）：四川（SC）

（60）足叶倍叉蜻 *Amphinemura pediformis* Li *et* Yang, 2008

Amphinemura pediformis Li *et* Yang, 2008. Zootaxa 1688: 55. **Type locality:** China (Tibet: Zayu).
Amphinemura pediformis: Yang, Li *et* Zhu, 2015. Fauna Sinica Insecta 58: 238.
分布（**Distribution**）：西藏（XZ）

（61）皮氏倍叉蜻 *Amphinemura pieli* (Wu, 1938)

Nemoura (*Protonemura*) *pieli* Wu, 1938. Plecopt. Sin.: 185. **Type locality:** China (Zhejiang: Mokanshan).
Indonemoura pieli: Du, Sivec *et* Zhao, 2001. *In*: Wu *et* Pan, 2001. Insects of Tianmushan National Nature Reserve: 73.
Amphinemura pieli: Baumann, 1975. Smithson. Contrib. Zool. 211: 12; Yang, Li *et* Zhu, 2015. Fauna Sinica Insecta 58: 239.
分布（**Distribution**）：浙江（ZJ）

（62）翅突倍叉蜻 *Amphinemura pterygoidea* Li *et* Yang, 2008

Amphinemura pterygoidea Li *et* Yang, 2008. Zootaxa 1688: 57. **Type locality:** China (Tibet: Zuogong).
Amphinemura pterygoidea: Yang, Li *et* Zhu, 2015. Fauna Sinica Insecta 58: 240.
分布（**Distribution**）：西藏（XZ）

（63）青城山倍叉蜻 *Amphinemura qingchengshana* Du *et* Ji, 2014

Amphinemura qingchengshana Du *et* Ji, 2014. *In*: Ji *et* Du, 2014. Florida Ent. 97 (2): 696. **Type locality:** China (Sichuan: Dujiangyan City, Qingcheng Mountain).
分布（**Distribution**）：四川（SC）

（64）喙叶倍叉蜻 *Amphinemura rostroloba* (Wu, 1962)

Nemoura rostroloba Wu, 1962. Acta Ent. Sin. 11 (Suppl.): 142. **Type locality:** China (Yunnan: Menghai).
Amphinemura rostroloba: Baumann, 1975. Smithson. Contrib. Zool. 211: 12; Yang, Li *et* Zhu, 2015. Fauna Sinica Insecta 58: 241.
分布（**Distribution**）：云南（YN）

（65）骨化倍叉蜻 *Amphinemura sclerotica* Du *et* Zhou, 2007

Amphinemura sclerotica Du *et* Zhou, 2007. *In*: Du, Wang *et* Zhou, 2007. Aquat. Ins. 29 (4): 301. **Type locality:** China (Sichuan: 30km south from Litang, between Litang and Sangduei, Daocheng).
Amphinemura sclerotica: Yang, Li *et* Zhu, 2015. Fauna Sinica Insecta 58: 243.
分布（**Distribution**）：四川（SC）

（66）半黑倍叉蜻 *Amphinemura seminigra* Shimizu, 1998

Amphinemura seminigra Shimizu, 1998. Jpn. J. Syst. Ent. 4 (2): 234. **Type locality:** China (Taiwan: Nantou).
Amphinemura seminigra: Yang, Li *et* Zhu, 2015. Fauna Sinica Insecta 58: 244.
分布（**Distribution**）：台湾（TW）

（67）中华倍叉蜻 *Amphinemura sinensis* (Wu, 1926)

Nemoura (*Amphinemura*) *sinensis* Wu, 1926. J. Sci. Arts 5 (6): 331. **Type locality:** China (Jiangsu: Nanking, Ning Kuo Temple).
Nemoura (*Amphinemura*) *sinensis*: Wu, 1938. Plecopt. Sin.: 186.
Amphinemura sinensis: Illies, 1966. Das Tierreich 82: 185; Baumann, 1975. Smithson. Contrib. Zool. 211: 12; Wang, Li *et* Yang, 2013. Zootaxa 3637 (5): 566; Yang, Li *et* Zhu, 2015. Fauna Sinica Insecta 58: 245.
分布（**Distribution**）：北京（BJ）、河南（HEN）、江苏（JS）

（68）单突倍叉蜻 *Amphinemura singularis* Zhu *et* Yang, 2002

Amphinemura singularis Zhu *et* Yang, 2002. Acta Zootaxon. Sin. 27 (4): 748. **Type locality:** China (Ningxia: Longde,

Shanhe).
Amphinemura singularis: Yang, Li *et* Zhu, 2015. Fauna Sinica Insecta 58: 246.
分布（**Distribution**）：宁夏（NX）

（69）有棘倍叉蟦 *Amphinemura spinata* (Wu, 1949)

Nemoura (*Protonemura*) *spinata* Wu, 1949. Peking Nat. Hist. Bull. 17 (4): 253. **Type locality:** China (Fukien: Shao-wu, Ta-chu-luan).
Protonemura spinata: Illies, 1966. Das Tierreich 82: 242.
Amphinemura spinata: Baumann, 1975. Smithson. Contrib. Zool. 211: 12; Yang, Li *et* Zhu, 2015. Fauna Sinica Insecta 58: 248.
分布（**Distribution**）：福建（FJ）

（70）细刺倍叉蟦 *Amphinemura spinellosa* Du *et* Ji, 2014

Amphinemura spinellosa Du *et* Ji, 2014. *In*: Ji *et* Du, 2014. Florida Ent. 97 (2): 695. **Type locality:** China (Shaanxi: Zhouzhi county, Houzhenzi town, Hougou).
分布（**Distribution**）：陕西（SN）

（71）天目山倍叉蟦 *Amphinemura tianmushana* Li *et* Yang, 2011

Amphinemura tianmushana Li *et* Yang, 2011. Zootaxa 2975: 31. **Type locality:** China (Zhejiang: Tianmushan).
Amphinemura tianmushana: Yang, Li *et* Zhu, 2015. Fauna Sinica Insecta 58: 249.
分布（**Distribution**）：浙江（ZJ）

（72）西藏倍叉蟦 *Amphinemura tibetensis* Zhu *et* Yang, 2003

Amphinemura tibetensis Zhu *et* Yang, 2003. Ent. Sin. 10 (1): 55. **Type locality:** China (Tibet: Bomi, Yigong).
Amphinemura tibetensis: Yang, Li *et* Zhu, 2015. Fauna Sinica Insecta 58: 250.
分布（**Distribution**）：西藏（XZ）

（73）截尾倍叉蟦 *Amphinemura trassaerti* (Wu, 1938)

Nemoura (*Amphinemura*) *trassaerti* Wu, 1938. Plecopt. Sin.: 187. **Type locality:** China (Gansu: Hoeihsien).
Amphinemura trassaerti: Illies, 1966. Das Tierreich 82: 188; Baumann, 1975. Smithson. Contrib. Zool. 211: 12; Yang, Li *et* Zhu, 2015. Fauna Sinica Insecta 58: 252.
分布（**Distribution**）：甘肃（GS）

（74）三刺倍叉蟦 *Amphinemura tricintusidens* Wang *et* Zhu, 2007

Amphinemura tricintusidens Wang *et* Zhu, 2007. *In*: Wang, Zhang *et* Zhu, 2007. Entomotaxon. 29 (1): 13. **Type locality:** China (Xinjiang: Kanas).
Amphinemura tricintusidens: Yang, Li *et* Zhu, 2015. Fauna Sinica Insecta 58: 253.
分布（**Distribution**）：新疆（XJ）

（75）三支倍叉蟦 *Amphinemura triramia* (Wu, 1962)

Nemoura triramia Wu, 1962. Acta Ent. Sin. 11 (Suppl.): 142. **Type locality:** China (Yunnan: Xinujiang).
Nemoura triramia: Illies, 1966. Das Tierreich 82: 632; Zwick, 1973. Das Tierreich 94: 342.
Amphinemura triramia: Baumann, 1975. Smithson. Contrib. Zool. 211: 12; Yang, Li *et* Zhu, 2015. Fauna Sinica Insecta 58: 254.
分布（**Distribution**）：云南（YN）

（76）管突倍叉蟦 *Amphinemura tubulata* Du *et* Zhou, 2007

Amphinemura tubulata Du *et* Zhou, 2007. *In*: Du, Wang *et* Zhou, 2007. Aquat. Ins. 29 (4): 303. **Type locality:** China (Yunnan: Baishuei river at the bottom of Yulong Snow Mountain, Lijiang).
Amphinemura tubulata: Yang, Li *et* Zhu, 2015. Fauna Sinica Insecta 58: 255.
分布（**Distribution**）：云南（YN）

（77）单钩倍叉蟦 *Amphinemura unihamata* (Wu, 1973)

Nemoura unihamata Wu, 1973. Acta Ent. Sin. 16 (2): 104. **Type locality:** China (Sichuan: Emei shan).
Amphinemura unihamata: Baumann, 1975. Smithson. Contrib. Zool. 211: 12; Li *et* Yang, 2008. Aquat. Ins. 30 (3): 219; Yang, Li *et* Zhu, 2015. Fauna Sinica Insecta 58: 257.
分布（**Distribution**）：四川（SC）

（78）杨氏倍叉蟦 *Amphinemura yangi* Zhu *et* Yang, 2003

Amphinemura yangi Zhu *et* Yang, 2003. Ent. Sin. 10 (1): 51. **Type locality:** China (Tibet: Lulang).
Amphinemura yangi: Yang, Li *et* Zhu, 2015. Fauna Sinica Insecta 58: 258.
分布（**Distribution**）：西藏（XZ）

（79）周氏倍叉蟦 *Amphinemura zhoui* Li *et* Yang, 2008

Amphinemura zhoui Li *et* Yang, 2008. Aquat. Ins. 30 (3): 213. **Type locality:** China (Fujian: Wuyi Mountain, Xianfengling).
Amphinemura zhoui: Yang, Li *et* Zhu, 2015. Fauna Sinica Insecta 58: 259.
分布（**Distribution**）：浙江（ZJ）、福建（FJ）

2. 印叉蟦属 *Indonemoura* Baumann, 1975

Indonemoura Baumann, 1975. Smithson. Contrib. Zool. 211: 12. **Type species**: *Protonemura indica* Kimmins, 1947.
Indonemoura: Yang, Li *et* Zhu, 2015. Fauna Sinica Insecta 58: 261.

（80）阿萨姆印叉𫌀 *Indonemoura assami* (Aubert, 1967)

Protonemura assami Aubert, 1967. Mitt. Schweiz. Ent. Ges. 39: 213. **Type locality:** India (Assam).
Protonemura assami: Zwick, 1973. Das Tierreich 94: 347.
Indonemoura assami: Baumann, 1975. Smithson. Contrib. Zool. 211: 13; Li *et* Yang, 2008. Aquat. Ins. 30 (3): 216; Murányi *et* Li, 2013. Zootaxa 3694 (2): 173; Yang, Li *et* Zhu, 2015. Fauna Sinica Insecta 58: 262.
分布（Distribution）：西藏（XZ）；印度、尼泊尔、不丹

（81）耳突印叉𫌀 *Indonemoura auriformis* Li *et* Yang, 2008

Indonemoura auriformis Li *et* Yang, 2008. *In*: Shen X *et* Lu Ch. The Fauna and Taxonomy of Insects in Henan 6: 13. **Type locality:** China (Henan: Nanyang, Neixiang, Baotianman).
Indonemoura auriformis: Yang, Li *et* Zhu, 2015. Fauna Sinica Insecta 58: 269.
分布（Distribution）：河南（HEN）

（82）百山祖印叉𫌀 *Indonemoura baishanzuensis* Li *et* Yang, 2006

Indonemoura baishanzuensis Li *et* Yang, 2006. Zootaxa 1283: 48. **Type locality:** China (Zhejiang: Qingyuan, Baishanzu).
Indonemoura baishanzuensis: Yang, Li *et* Zhu, 2015. Fauna Sinica Insecta 58: 270.
分布（Distribution）：浙江（ZJ）、福建（FJ）

（83）双边印叉𫌀 *Indonemoura bilateralia* Du *et* Wang, 2009

Indonemoura bilateralia Du *et* Wang, 2009. *In*: Wang *et* Du, 2009. Zootaxa 1976: 56. **Type locality:** China (Hunan: Taoyuan).
Indonemoura bilateralia: Yang, Li *et* Zhu, 2015. Fauna Sinica Insecta 58: 272.
分布（Distribution）：湖南（HN）

（84）角叶印叉𫌀 *Indonemoura curvicornia* Wang *et* Du, 2009

Indonemoura curvicornia Wang *et* Du, 2009. Zootaxa 1976: 59. **Type locality:** China (Zhejiang: Tianmu Mountain).
Indonemoura curvicornia: Yang, Li *et* Zhu, 2015. Fauna Sinica Insecta 58: 273.
分布（Distribution）：浙江（ZJ）

（85）福建印叉𫌀 *Indonemoura fujianensis* Li *et* Yang, 2005

Indonemoura fujianensis Li *et* Yang, 2005. Zootaxa 1001: 60. **Type locality:** China (Fujian: Meiluowan).
Indonemoura fujianensis: Yang, Li *et* Zhu, 2015. Fauna Sinica Insecta 58: 274.
分布（Distribution）：福建（FJ）

（86）广东印叉𫌀 *Indonemoura guangdongensis* Li *et* Yang, 2006

Indonemoura guangdongensis Li *et* Yang, 2006. Zootaxa 1283: 50. **Type locality:** China (Guangdong: Ehuangzhang, Xianhu).
Indonemoura guangdongensis: Yang, Li *et* Zhu, 2015. Fauna Sinica Insecta 58: 276.
分布（Distribution）：广东（GD）

（87）湖北印叉𫌀 *Indonemoura hubeiensis* Yang *et* Yang, 1991

Indonemoura hubeiensis Yang *et* Yang, 1991. J. Hubei Univ. (Nat. Sci.) 13 (4): 370. **Type locality:** China (Hubei: Tongshan).
Indonemoura hubeiensis: Yang, Li *et* Zhu, 2015. Fauna Sinica Insecta 58: 277.
分布（Distribution）：湖北（HB）

（88）歧鞭印叉𫌀 *Indonemoura jacobsoni* (Klapálek, 1912)

Nemoura jacobsoni Klapálek, 1912. Not. Leyden Mus. 34: 194. **Type locality:** Indonesia (Java).
Nemoura javanica Banks, 1920. Bull. Mus. Comp. Zool. 64 (3): 323. **Type locality:** Indonesia (Java).
Nemoura atrissima Šámal, 1926. Ent. Mitt. 15: 303. **Type locality:** Indonesia (Sumatra).
Nemoura (*Protonemura*) *jacobsoni*: Geijskes, 1952. Arch. Hydrobiol. 21: 277.
Indonemoura jacobsoni: Baumann, 1975. Smithson. Contrib. Zool. 211: 13; Yang, Li *et* Zhu, 2015. Fauna Sinica Insecta 58: 278.
分布（Distribution）：海南（HI）；印度尼西亚（爪哇、苏门答腊岛）

（89）长板印叉𫌀 *Indonemoura longiplatta* (Wu, 1949)

Nemoura (*Protonemura*) *longiplatta* Wu, 1949. Peking Nat. Hist. Bull. 17 (4): 254. **Type locality:** China (Fujian: Shao-wu, Ta-chu-luan).
Protonemura longiplatta: Illies, 1966. Das Tierreich 82: 233.
Indonemoura longiplatta: Li *et* Yang, 2008. Aquat. Ins. 30 (2): 97; Yang, Li *et* Zhu, 2015. Fauna Sinica Insecta 58: 280.
分布（Distribution）：福建（FJ）

（90）巨腹印叉𫌀 *Indonemoura macrolamellata* (Wu, 1935)

Nemoura macrolamellata Wu, 1935. Peking Nat. Hist. Bull. 9 (3): 241. **Type locality:** China (Jiangxi: Ma-tang-shan).
Nemoura macrolamellata: Wu, 1938. Plecopt. Sin.: 176.
Protonemura macrolamellata: Illies, 1966. Das Tierreich 82: 234.

Indonemoura macrolamellata: Li *et* Yang, 2006. Zootaxa 1283: 54; Yang, Li *et* Zhu, 2015. Fauna Sinica Insecta 58: 281.
分布（**Distribution**）：浙江（ZJ）、江西（JX）

（91）黑钩印叉蜻 *Indonemoura nigrihamita* Li *et* Yang, 2008

Indonemoura nigrihamita Li *et* Yang, 2008. Aquat. Ins. 30 (3): 215. **Type locality:** China (Sichuan: Kangding, Mugecuo).
Indonemoura nigrihamita: Yang, Li *et* Zhu, 2015. Fauna Sinica Insecta 58: 283.
分布（**Distribution**）：四川（SC）

（92）刀突印叉蜻 *Indonemoura scalprata* (Li *et* Yang, 2007)

Amphinemura scalprata Li *et* Yang, 2007. Zootaxa 1511: 61. **Type locality:** China (Guangdong: Yingde, Shimentai).
Indonemoura scalprata: Yang, Li *et* Zhu, 2015. Fauna Sinica Insecta 58: 284.
分布（**Distribution**）：福建（FJ）、广东（GD）

（93）史氏印叉蜻 *Indonemoura shergaoni* (Aubert, 1967)

Protonemura shergaoni Aubert, 1967. Mitt. Schweiz. Ent. Ges. 39: 221. **Type locality:** India (Assam).
Protonemura shergaon: Zwick, 1973. Das Tierreich 94: 356.
Indonemoura shergaoni: Baumann, 1975. Smithson. Contrib. Zool. 211: 13; Li *et* Yang, 2008. Aquat. Ins. 30 (3): 216; Murányi *et* Li, 2013. Zootaxa 3694 (2): 173; Yang, Li *et* Zhu, 2015. Fauna Sinica Insecta 58: 285.
分布（**Distribution**）：西藏（XZ）；印度、不丹

（94）西藏印叉蜻 *Indonemoura tibetensis* Zhu, Yang *et* Yang, 2002

Indonemoura tibetensis Zhu, Yang *et* Yang, 2002. Ent. Sci. 5 (3): 317. **Type locality:** China (Tibet: Chayu).
Indonemoura tibetensis: Yang, Li *et* Zhu, 2015. Fauna Sinica Insecta 58: 287.
分布（**Distribution**）：西藏（XZ）

（95）弯突印叉蜻 *Indonemoura tortuosa* Wang *et* Du, 2009

Indonemoura tortuosa Wang *et* Du, 2009. Zootaxa 1976: 60. **Type locality:** China (Sichuan: Roadside of Peak of Niba Mountain).
Indonemoura tortuosa: Yang, Li *et* Zhu, 2015. Fauna Sinica Insecta 58: 288.
分布（**Distribution**）：四川（SC）

（96）三叉印叉蜻 *Indonemoura trichotoma* Li *et* Yang, 2008

Indonemoura trichotoma Li *et* Yang, 2008. Aquat. Ins. 30 (2): 99. **Type locality:** China (Yunnan: Tengchong, Zizhicun).
Indonemoura collina Du *et* Wang, 2009. *In*: Wang *et* Du, 2009. Zootaxa 1976: 58. **Type locality:** China (Yunnan: Hutiao Gorge).
Indonemoura collina: Yang, Li *et* Zhu, 2015. Fauna Sinica Insecta 58: 289.
Indonemoura trichotoma: Yang, Li *et* Zhu, 2015. Fauna Sinica Insecta 58: 289.
分布（**Distribution**）：云南（YN）

（97）三刺印叉蜻 *Indonemoura trilongispina* Du *et* Wang, 2006

Indonemura trilongispina Du *et* Wang, 2006. *In*: Wang, Du, Sivec *et* Li, 2006. Illiesia 2 (7): 52. **Type locality:** China (Guizhou: Leigong Mountain, Xiaodan River).
Indonemura trilongispina: Yang, Li *et* Zhu, 2015. Fauna Sinica Insecta 58: 291.
分布（**Distribution**）：贵州（GZ）

（98）三尖印叉蜻 *Indonemoura trispina* Li *et* Sivec, 2005

Indonemoura trispina Li *et* Sivec, 2005. *In*: Li, Yang *et* Sivec, 2005. Zootaxa 893: 3. **Type locality:** China (Guangdong: Ruyuan, Nanling).
Indonemoura trispina: Yang, Li *et* Zhu, 2015. Fauna Sinica Insecta 58: 292.
分布（**Distribution**）：广东（GD）

（99）旋刺印叉蜻 *Indonemoura voluta* Li *et* Yang, 2008

Indonemoura voluta Li *et* Yang, 2008. Aquat. Ins. 30 (2): 100. **Type locality:** China (Guangxi: Maoershan, Tongrencun).
Indonemoura voluta: Yang, Li *et* Zhu, 2015. Fauna Sinica Insecta 58: 293.
分布（**Distribution**）：广西（GX）

（100）杨氏印叉蜻 *Indonemoura yangi* Li *et* Yang, 2006

Indonemoura yangi Li *et* Yang, 2006. Zootaxa 1283: 57. **Type locality:** China (Guangxi: Huanjiang).
Indonemoura yangi: Yang, Li *et* Zhu, 2015. Fauna Sinica Insecta 58: 295.
分布（**Distribution**）：广西（GX）

3. 中叉蜻属 *Mesonemoura* Baumann, 1975

Mesonemoura Baumann, 1975. Smithson. Contrib. Zool. 211: 14. **Type species**：*Nemoura vaillanti* Navás, 1922.
Mesonemoura: Yang, Li *et* Zhu, 2015. Fauna Sinica Insecta 58: 296.

（101）奇背中叉蜻 *Mesonemoura aberransterga* Du *et* Zhou, 2007

Mesonemoura aberransterga Du *et* Zhou, 2007. *In*: Du, Wang

et Zhou, 2007. Zootaxa 1495: 47. **Type locality:** China (Sichuan: from Daocheng to Xiangcheng).
Mesonemoura aberransterga: Li *et* Yang, 2009. Zootaxa 2231: 63; Yang, Li *et* Zhu, 2015. Fauna Sinica Insecta 58: 297.
分布（**Distribution**）：四川（SC）

（102）鞭突中叉蜻 *Mesonemoura flagellata* (Wu, 1935)

Nemoura (*Protonemura*) *flagellata* Wu, 1935. Peking Nat. Hist. Bull. 9 (3): 240. **Type locality:** China (Jiangxi: Ma-tang-shan).
Nemoura (*Protonemura*) *flagellata*: Wu, 1938. Plecopt. Sin.: 169.
Protonemura flagellata: Illies, 1966. Das Tierreich 82: 229.
Mesonemoura flagellata: Baumann, 1975. Smithson. Contrib. Zool. 211: 15; Li *et* Yang, 2009. Zootaxa 2231: 63; Yang, Li *et* Zhu, 2015. Fauna Sinica Insecta 58: 302.
分布（**Distribution**）：江西（JX）

（103）李氏中叉蜻 *Mesonemoura lii* Zhu, Yang *et* Yang, 2003

Mesonemoura lii Zhu, Yang *et* Yang, 2003. Aquat. Ins. 25 (1): 3. **Type locality:** China (Tibet: Bomi).
Mesonemoura lii: Li *et* Yang, 2009. Zootaxa 2231: 63; Yang, Li *et* Zhu, 2015. Fauna Sinica Insecta 58: 303.
分布（**Distribution**）：西藏（XZ）

（104）膜质中叉蜻 *Mesonemoura membranosa* Du *et* Zhou, 2007

Mesonemoura membranosa Du *et* Zhou, 2007. *In*: Du, Wang *et* Zhou, 2007. Zootaxa 1495: 49. **Type locality:** China (Shaanxi: Railway Station of Qinling).
Mesonemoura membranosa: Li *et* Yang, 2009. Zootaxa 2231: 63; Yang, Li *et* Zhu, 2015. Fauna Sinica Insecta 58: 305.
分布（**Distribution**）：陕西（SN）

（105）多旋中叉蜻 *Mesonemoura multispira* (Wu, 1973)

Nemoura multispira Wu, 1973. Acta Ent. Sin. 16 (2): 104. **Type locality:** China (Sichuan: Xikang).
Mesonemoura multispira: Baumann, 1975. Smithson. Contrib. Zool. 211: 15; Li *et* Yang, 2007. Aquat. Ins. 29 (3): 174; Li *et* Yang, 2009. Zootaxa 2231: 64; Yang, Li *et* Zhu, 2015. Fauna Sinica Insecta 58: 306.
分布（**Distribution**）：四川（SC）

（106）聂拉木中叉蜻 *Mesonemoura nielamuensis* Li *et* Yang, 2007

Mesonemoura nielamuensis Li *et* Yang, 2007. Aquat. Ins. 29 (3): 175. **Type locality:** China (Tibet: Nielamu, Youyiqiao).
Mesonemoura nielamuensis: Li *et* Yang, 2009. Zootaxa 2231: 64; Yang, Li *et* Zhu, 2015. Fauna Sinica Insecta 58: 307.
分布（**Distribution**）：西藏（XZ）

（107）施氏中叉蜻 *Mesonemoura sbordonii* Fochetti *et* Sezzi, 2000

Mesonemoura sbordonii Fochetti *et* Sezzi, 2000. Aquat. Ins. 22 (3): 238. **Type locality:** China (Yunnan: Zhongdian).
Mesonemoura sbordonii: Li *et* Yang, 2009. Zootaxa 2231: 64; Yang, Li *et* Zhu, 2015. Fauna Sinica Insecta 58: 308.
分布（**Distribution**）：云南（YN）

（108）旋鞭中叉蜻 *Mesonemoura spiroflagellata* (Wu, 1973)

Nemoura spiroflagellata Wu, 1973. Acta Ent. Sin. 16 (2): 105. **Type locality:** China (Qinghai: Huang Shien).
Mesonemoura spiroflagellata: Baumann, 1975. Smithson. Contrib. Zool. 211: 16; Du, Wang *et* Zhou, 2007. Zootaxa 1495: 50; Li *et* Yang, 2007. Aquat. Ins. 29 (3): 176; Li *et* Yang, 2009. Zootaxa 2231: 64; Yang, Li *et* Zhu, 2015. Fauna Sinica Insecta 58: 310.
分布（**Distribution**）：青海（QH）

（109）西藏中叉蜻 *Mesonemoura tibetensis* Zhu, Yang *et* Yang, 2003

Mesonemoura tibetensis Zhu, Yang *et* Yang, 2003. Aquat. Ins. 25 (1): 5. **Type locality:** China (Tibet: Chayu).
Mesonemoura tibetensis: Li *et* Yang, 2009. Zootaxa 2231: 64; Yang, Li *et* Zhu, 2015. Fauna Sinica Insecta 58: 311.
分布（**Distribution**）：西藏（XZ）

（110）三带中叉蜻 *Mesonemoura tritaenia* Li *et* Yang, 2007

Mesonemoura tritaenia Li *et* Yang, 2007. Aquat. Ins. 29 (3): 178. **Type locality:** China (Henan: Nanyang, Neixiang, Baotianman).
Mesonemoura tritaenia: Li *et* Yang, 2009. Zootaxa 2231: 64; Yang, Li *et* Zhu, 2015. Fauna Sinica Insecta 58: 313.
分布（**Distribution**）：河南（HEN）

（111）叉叶中叉蜻 *Mesonemoura vaillanti* (Navás, 1922)

Nemoura vaillanti Navás, 1922. Mem. R. Acad. Cien. Artes 17: 9. **Type locality:** China (Gansu: Nanshan).
Nemoura vaillanti: Wu, 1938. Plecopt. Sin.: 189.
Mesonemoura vaillanti: Baumann, 1975. Smithson. Contrib. Zool. 211: 16; Zhiltzova, 2003. Fauna of Russia and Neighbouring Countries 145: 241; Teslenko *et* Zhiltzova, 2009. Key to the stoneflies (Insecta, Plecoptera) of Russia and adjacent countries: 146; Li *et* Yang, 2009. Zootaxa 2231: 64; Murányi *et* Li, 2013. Zootaxa 3694 (2): 173; Yang, Li *et* Zhu, 2015. Fauna Sinica Insecta 58: 314.
分布（**Distribution**）：甘肃（GS）、青海（QH）；印度、塔吉克斯坦、阿富汗、巴基斯坦

（112）玉龙中叉䗛 *Mesonemoura yulongana* Li *et* Yang, 2009

Mesonemoura yulongana Li *et* Yang, 2009. Zootaxa 2231: 65. **Type locality:** China (Yunnan: Lijiang, Mt. Yulong, Baishui stream of Lanyuegu Valley).
Mesonemoura yulongana: Yang, Li *et* Zhu, 2015. Fauna Sinica Insecta 58: 315.
分布（**Distribution**）：云南（YN）

4. 原叉䗛属 *Protonemura* Kempny, 1898

Nemura (*Protomemura*) Kempny, 1898. Verh. Zool.-Bot. Ges. Wein. 48: 51. **Type species:** *Nemura meyeri* Pictet, 1841. [= *Protomemura meyeri* (Pictet, 1841)].
Protonemura: Claassen, 1940. Mem. Corn. Univ. Agr. Exp. Sta. 232: 68; Baumann, 1975. Smithson. Contrib. Zool. 211: 16; Zhiltzova, 2003. Fauna of Russia and Neighbouring Countries 145: 182; Yang, Li *et* Zhu, 2015. Fauna Sinica Insecta 58: 317.

（113）双突原叉䗛 *Protonemura bidigitata* Du *et* Wang, 2007

Protonemura bidigitata Du *et* Wang, 2007. *In*: Du, Wang *et* Zhou, 2007. Aquat. Ins. 29 (2): 99. **Type locality:** China (Yunnan: Dali, Zhonghe village).
Protonemura bidigitata: Yang, Li *et* Zhu, 2015. Fauna Sinica Insecta 58: 319.
分布（**Distribution**）：云南（YN）

（114）凹缘原叉䗛 *Protonemura biintrans* Li *et* Yang, 2008

Protonemura biintrans Li *et* Yang, 2008. Aquat. Ins. 30 (3): 216. **Type locality:** China (Guangdong: Longmen, Nankun Mountain).
Protonemura biintrans: Yang, Li *et* Zhu, 2015. Fauna Sinica Insecta 58: 320.
分布（**Distribution**）：广东（GD）

（115）巨突原叉䗛 *Protonemura macrodactyla* Du *et* Zhou, 2007

Protonemura macrodactyla Du *et* Zhou, 2007. *In*: Du, Wang *et* Zhou, 2007. Aquat. Ins. 29 (2): 97. **Type locality:** China (Gansu: Shimen, Yuzhong).
Protonemura macrodactyla: Yang, Li *et* Zhu, 2015. Fauna Sinica Insecta 58: 321.
分布（**Distribution**）：宁夏（NX）、甘肃（GS）、湖北（HB）

5. 球尾叉䗛属 *Sphaeronemoura* Shimizu *et* Sivec, 2001

Sphaeronemoura Shimizu *et* Sivec, 2001. XIII Int. Symp. Plecop.: 394. **Type species:** *Sphaeronemoura plutonis* (Banks, 1937).
Sphaeronemoura: Yang, Li *et* Zhu, 2015. Fauna Sinica Insecta 58: 323.

（116）象形球尾叉䗛 *Sphaeronemoura elephas* (Zwick, 1974)

Nemoura elephas Zwick, 1974. Nouv. Rev. Ent. 4: 77. **Type locality:** China (Taiwan: Kuan-Tao-Chi).
Sphaeronemoura elephas: Shimizu *et* Sivec, 2001. XIII Int. Symp. Plecop.: 394; Yang, Li *et* Zhu, 2015. Fauna Sinica Insecta 58: 323.
分布（**Distribution**）：台湾（TW）

（117）台湾球尾叉䗛 *Sphaeronemoura formosana* Shimizu *et* Sivec, 2001

Sphaeronemoura formosana Shimizu *et* Sivec, 2001. XIII Int. Symp. Plecop.: 398. **Type locality:** China (Taiwan: Nantou Prefecture, Nanshan-his).
Sphaeronemoura formosana: Yang, Li *et* Zhu, 2015. Fauna Sinica Insecta 58: 326.
分布（**Distribution**）：台湾（TW）

（118）巨尾球尾叉䗛 *Sphaeronemoura grandicauda* (Wu, 1973)

Nemoura grandicauda Wu, 1973. Acta Ent. Sin. 16 (2): 103. **Type locality:** China (Sichuan: Emei shan).
Nemoura grandicauda: Baumann, 1975. Smithson. Contrib. Zool. 211: 31.
Sphaeronemoura grandicauda: Yang, Li *et* Zhu, 2015. Fauna Sinica Insecta 58: 327.
分布（**Distribution**）：四川（SC）

（119）钩突球尾叉䗛 *Sphaeronemoura hamistyla* (Wu, 1962)

Nemoura hamistyla Wu, 1962. Acta Ent. Sin. 11 (Suppl.): 142. **Type locality:** China (Yunnan: Jinping).
Nemoura hamistyla: Illies, 1966. Das Tierreich 82: 632; Zwick, 1973. Das Tierreich 94: 336.
Mesonemoura hamistyla: Baumann, 1975. Smithson. Contrib. Zool. 211: 15.
Sphaeronemoura hamistyla: Shimizu *et* Sivec, 2001. XIII Int. Symp. Plecop.: 394; Li *et* Yang, 2009. Zootaxa 2004: 61; Yang, Li *et* Zhu, 2015. Fauna Sinica Insecta 58: 328.
分布（**Distribution**）：云南（YN）

（120）蛇眼球尾叉䗛 *Sphaeronemoura plutonis* (Banks, 1937)

Nemoura plutonis Banks, 1937. Philipp. J. Sci. 62: 274. **Type locality:** China (Formosa: Sozan).
Nemoura plutonis: Illies, 1966. Das Tierreich 82: 471.
Sphaeronemoura plutonis: Shimizu *et* Sivec, 2001. XIII Int. Symp. Plecop.: 394; Yang, Li *et* Zhu, 2015. Fauna Sinica Insecta 58: 329.

分布（**Distribution**）：台湾（TW）

（121）松山球尾叉𫌀 *Sphaeronemoura songshana* Li *et* Yang, 2009

Sphaeronemoura songshana Li *et* Yang, 2009. Zootaxa 2004: 60. **Type locality:** China (Beijing: Yanqing, Songshan).
Sphaeronemoura songshana: Yang, Li *et* Zhu, 2015. Fauna Sinica Insecta 58: 331.
分布（**Distribution**）：北京（BJ）

（122）分叶球尾叉𫌀 *Sphaeronemoura separata* Li, Murányi *et* Yang, 2014

Sphaeronemoura separata Li, Murányi *et* Yang, 2014. Zootaxa 3793 (3): 372. **Type locality:** China (Henan: Luanchuan County, Chongdugou Village, Chongdugou scenic area, upper tributary of Jinji River).
分布（**Distribution**）：河南（HEN）

叉𫌀亚科 Nemourinae Newman, 1853

Nemourinae Newman, 1853. Zoologist 11: 82; Baumann, 1975. Smithson. Contr. Zool. 211: 17; Zhiltzova, 2003. Fauna of Russia and Neighbouring Countries 145: 243. **Type genus:** *Nemoura* Latreille, 1796.
Nemourinae: Yang, Li *et* Zhu, 2015. Fauna Sinica Insecta 58: 332.

6. 依叉𫌀属 *Illiesonemoura* Baumann, 1975

Illiesonemoura Baumann, 1975. Smithson. Contrib. Zool. 211: 18. **Type species:** *Nemoura punctata* Jewett, 1958.
Illiesonemoura: Yang, Li *et* Zhu, 2015. Fauna Sinica Insecta 58: 332.

（123）双刺依叉𫌀 *Illiesonemoura bispinosa* (Kawai, 1968)

Nemoura bispinosa Kawai, 1968. Pac. Ins. 10 (2): 243. **Type locality:** China (Taiwan: Taipei Hsien, Wulai).
Nemoura bispinosa: Zwick, 1973. Das Tierreich 94: 333.
Illiesonemoura bispinosa: Baumann, 1975. Smithson. Contrib. Zool. 211: 19; Yang, Li *et* Zhu, 2015. Fauna Sinica Insecta 58: 334.
分布（**Distribution**）：台湾（TW）

（124）瘤突依叉𫌀 *Illiesonemoura tuberostyla* (Wu, 1962)

Nemoura tuberostyla Wu, 1962. Acta Ent. Sin. 11 (Suppl.): 143. **Type locality:** China (Sichuan: Emei shan).
Nemoura tuberostyla: Illies, 1966. Das Tierreich 82: 632; Zwick, 1973. Das Tierreich 94: 342.
Illiesonemoura tuberostyla: Baumann, 1975. Smithson. Contrib. Zool. 211: 19; Yang, Li *et* Zhu, 2015. Fauna Sinica Insecta 58: 335.
分布（**Distribution**）：四川（SC）

7. 叉𫌀属 *Nemoura* Latreille, 1796

Nemoura Latreille, 1796. Caractères Génériques Ins.: 101. **Type species:** *Nemoura variegata* Olivier, 1811.
Gemnra Navás, 1928. Rev. Chil. Hist. Nat. 32: 124. **Type locality:** information not available.
Nemura Rambur. 1842. Histoire naturelle des insectes: 459. **Type locality:** information not available.
Nemoura: Yang, Li *et* Zhu, 2015. Fauna Sinica Insecta 58: 337.

（125）阿氏叉𫌀 *Nemoura arlingtoni* Wu, 1940

Nemoura arlingtoni Wu, 1940. Peking Nat. Hist. Bull. 14 (2): 155. **Type locality:** China (Yunnan: Huang Hsien).
Nemoura arlingtoni: Illies, 1966. Das Tierreich 82: 194; Yang, Li *et* Zhu, 2015. Fauna Sinica Insecta 58: 348.
分布（**Distribution**）：云南（YN）

（126）黑刺叉𫌀 *Nemoura atristrigata* Li *et* Yang, 2007

Nemoura atristrigata Li *et* Yang, 2007. Zootaxa 1511: 65. **Type locality:** China (Henan: Nanyang, Neixiang, Baotianman).
Nemoura magnispina Du *et* Zhou, 2008. *In*: Du, Zhou *et* Wang, 2008. Ent. News 119 (1): 72. **Type locality:** China (Shaanxi: Qinling Mountain Range, Nigshaan, Huoditang, Huodigou).
Nemoura magnispina: Yang, Li *et* Zhu, 2015. Fauna Sinica Insecta 58: 349.
Nemoura atristrigata: Yang, Li *et* Zhu, 2015. Fauna Sinica Insecta 58: 349.
分布（**Distribution**）：河南（HEN）、陕西（SN）

（127）白云山叉𫌀 *Nemoura baiyunshana* Li, Wang *et* Yang, 2012

Nemoura baiyunshana Li, Wang *et* Yang, 2012. Zootaxa 3427: 63. **Type locality:** China (Henan: Song County, Mt. Baiyunshan).
分布（**Distribution**）：河南（HEN）

（128）基刺叉𫌀 *Nemoura basispina* Li *et* Yang, 2006

Nemoura basispina Li *et* Yang, 2006. Zootaxa 1137: 54. **Type locality:** China (Guangdong: Ruyuan, Nanling).
Nemoura basispina: Yang, Li *et* Zhu, 2015. Fauna Sinica Insecta 58: 351.
分布（**Distribution**）：广东（GD）

（129）短叶叉𫌀 *Nemoura brevilobata* (Klapálek, 1912)

Protonemura brevilobata Klapálek, 1912. Ent. Mitt. 1: 346. **Type locality:** China (Taiwan: Talin).
Protonemura brevilobata: Illies, 1966. Das Tierreich 82: 226.

Nemoura brevilobata: Zwick, 1982. Aquat. Ins. 4: 43; Yang, Li *et* Zhu, 2015. Fauna Sinica Insecta 58: 352.

分布（Distribution）：台湾（TW）

（130）匙尾叉蜻 *Nemoura cochleocercia* Wu, 1962

Nemoura cochleocercia Wu, 1962. Acta Ent. Sin. 11 (Suppl.): 141. **Type locality:** China (Yunnan: Jingdong).

Nemoura cochleocercia: Li, Feng *et* Yang, 2008. Illiesia 4 (19): 205; Yang, Li *et* Zhu, 2015. Fauna Sinica Insecta 58: 353.

分布（Distribution）：四川（SC）、云南（YN）

（131）凹缘叉蜻 *Nemoura concava* Li *et* Yang, 2008

Nemoura concava Li *et* Yang, 2008. Zootaxa 1783: 61. **Type locality:** China (Yunnan: Tengchong, Xiaodifangcun).

Nemoura concava: Yang, Li *et* Zhu, 2015. Fauna Sinica Insecta 58: 354.

分布（Distribution）：云南（YN）

（132）花突叉蜻 *Nemoura floralis* Li *et* Yang, 2006

Nemoura floralis Li *et* Yang, 2006. Zootaxa 1137: 55. **Type locality:** China (Guangdong: Ruyuan, Nanling).

Nemoura floralis: Yang, Li *et* Zhu, 2015. Fauna Sinica Insecta 58: 355.

分布（Distribution）：广东（GD）

（133）台湾叉蜻 *Nemoura formosana* Shimizu, 1997

Nemoura formosana Shimizu, 1997. Aquat. Ins. 19 (4): 209. **Type locality:** China (Taiwan: Nantou-his).

Nemoura formosana: Yang, Li *et* Zhu, 2015. Fauna Sinica Insecta 58: 357.

分布（Distribution）：台湾（TW）

（134）叉尾叉蜻 *Nemoura furcocauda* Wu, 1973

Nemoura furcocauda Wu, 1973. Acta Ent. Sin. 16 (2): 103. **Type locality:** China (Yunnan: Menglongbanna).

Nemoura furcocauda: Li *et* Yang, 2008. Aquat. Ins. 30 (3): 220; Yang, Li *et* Zhu, 2015. Fauna Sinica Insecta 58: 358.

分布（Distribution）：四川（SC）、云南（YN）

（135）北京叉蜻 *Nemoura geei* Wu, 1929

Nemoura geei Wu, 1929. China J. 10 (4): 200. **Type locality:** China (Beijing: Wo-fu-ssu).

Nemoura brevicercia Zhiltzova, 1982. Vest. Zool. Kiev. (2): 37. **Type locality:** Kunashir Island.

Nemoura pekinensis Claassen, 1929. Lingnan Sci. J. 7: 511. **Type locality:** China (Beijing).

Nemoura geei: Wu, 1938. Plecopt. Sin.: 170; Uéno, 1941. Kontyû 15: 25; Illies, 1966. Das Tierreich 82: 203; Zhiltzova, 2003. Fauna of Russia and Neighbouring Countries 145: 292; Teslenko *et* Zhiltzova, 2009. Key to the stoneflies (Insecta, Plecoptera) of Russia and adjacent countries: 150; Zwick, 2010. Illiesia 6 (9): 82; Murányi *et* Park, 2011. Illiesia 7 (6): 80; Wang, Li *et* Yang, 2013. Zootaxa 3637 (5): 566; Li, Murányi, Pan *et* Yang, 2013. Zootaxa 3746 (3): 475; Yang, Li *et* Zhu, 2015. Fauna Sinica Insecta 58: 359.

分布（Distribution）：内蒙古（NM）、北京（BJ）、山东（SD）、河南（HEN）；日本、韩国、俄罗斯

（136）广东叉蜻 *Nemoura guangdongensis* Li *et* Yang, 2006

Nemoura guangdongensis Li *et* Yang, 2006. Zootaxa 1137: 56. **Type locality:** China (Guangdong: Nanling National Nature Reserve, Mangshan).

Nemoura guangdongensis: Yang, Li *et* Zhu, 2015. Fauna Sinica Insecta 58: 360.

分布（Distribution）：广东（GD）

（137）镰尾叉蜻 *Nemoura janeti* Wu, 1938

Nemoura janeti Wu, 1938. Bull. Peking Nat. Hist. 12: 335. **Type locality:** China (Zhejiang: Mokanshan).

Nemoura janeti: Li *et* Yang, 2008. In Shen X *et* Lu Ch. The Fauna and Taxonomy of Insects in Henan 6: 13; Wu, 1938. Plecopt. Sin.: 173; Illies, 1966. Das Tierreich 82: 204; Yang, Li *et* Zhu, 2015. Fauna Sinica Insecta 58: 362.

分布（Distribution）：河南（HEN）、陕西（SN）、浙江（ZJ）、湖北（HB）、四川（SC）、贵州（GZ）

（138）吉林叉蜻 *Nemoura jilinensis* Zhu *et* Yang, 2003

Nemoura jilinensis Zhu *et* Yang, 2003. Acta Zootaxon. Sin. 28 (3): 474. **Type locality:** China (Jilin: Hunjiang).

Nemoura jilinensis: Zwick, 2010. Illiesia 6 (9): 83; Yang, Li *et* Zhu, 2015. Fauna Sinica Insecta 58: 363.

分布（Distribution）：吉林（JL）；朝鲜半岛

（139）张氏叉蜻 *Nemoura junhuae* Li *et* Yang, 2008

Nemoura junhuae Li *et* Yang, 2008. Zootaxa 1783: 62. **Type locality:** China (Yunnan: Jinping, Dazhai).

Nemoura junhuae: Yang, Li *et* Zhu, 2015. Fauna Sinica Insecta 58: 365.

分布（Distribution）：云南（YN）

（140）凯氏叉蜻 *Nemoura klapperichi* Sivec, 1981

Nemoura klapperichi Sivec, 1981. Aquat. Ins. 3 (2): 79. **Type locality:** China (Fujian: Kwangtseh).

Nemoura klapperichi: Yang, Li *et* Zhu, 2015. Fauna Sinica Insecta 58: 366.

分布（Distribution）：福建（FJ）

（141）东北叉蜻 *Nemoura manchuriana* Uéno, 1941

Nemoura manchuriana Uéno, 1941. Kontyû 15: 25. **Type locality:** China (Heilongjiang: Chia-mu-ssu).

Nemoura manchuriana: Illies, 1966. Das Tierreich 82: 206; Zhiltzova, 2003. Fauna of Russia and Neighbouring Countries 145: 299; Teslenko *et* Zhiltzova, 2009. Key to the stoneflies

(Insecta, Plecoptera) of Russia and adjacent countries: 151; Yang, Li *et* Zhu, 2015. Fauna Sinica Insecta 58: 367.

分布（Distribution）：黑龙江（HL）；俄罗斯

（142）麻栗叉蜻 *Nemoura masuensis* (Li *et* Yang, 2005)

Indonemoura masuensis Li *et* Yang, 2005. Zootaxa 1001: 61. **Type locality:** China (Fujiang: Wuyi Mountain, Masu).

Nemoura cocaviuscula Du *et* Zhou, 2008. *In*: Du, Zhou *et* Wang, 2008. Ent. News 119 (1): 68. **Type locality:** China (Zhejiang: Tianmu Mountain, Laodian).

Nemoura cocaviuscula: Yang, Li *et* Zhu, 2015. Fauna Sinica Insecta 58: 368.

Nemoura masuensis: Yang, Li *et* Zhu, 2015. Fauna Sinica Insecta 58: 368.

分布（Distribution）：浙江（ZJ）、福建（FJ）

（143）马当山叉蜻 *Nemoura matangshanensis* Wu, 1935

Nemoura matangshanensis Wu, 1935. Peking Nat. Hist. Bull. 9 (3): 239. **Type locality:** China (Jiangxi: Ma-tang-shan).

Nemoura matangshanensis: Wu, 1938. Plecopt. Sin.: 179; Yang, Li *et* Zhu, 2015. Fauna Sinica Insecta 58: 370.

分布（Distribution）：江西（JX）

（144）细钩叉蜻 *Nemoura meniscata* Li *et* Yang, 2007

Nemoura meniscata Li *et* Yang, 2007. Zootaxa 1511: 66. **Type locality:** China (Henan: Nanyang, Neixiang, Baotianman).

Nemoura lui Du *et* Zhou, 2008. *In*: Du, Zhou *et* Wang, 2008. Ent. News 119 (1): 69. **Type locality:** China (Shaanxi: Qinling Mountain Range, Tiantai Mountain, South Tributary of Source of Jialing River).

Nemoura meniscata: Yang, Li *et* Zhu, 2015. Fauna Sinica Insecta 58: 371.

分布（Distribution）：河南（HEN）、陕西（SN）

（145）胸突叉蜻 *Nemoura mesospina* Li *et* Yang, 2008

Nemoura mesospina Li *et* Yang, 2008. Zootaxa 1783: 63. **Type locality:** China (Tibet: Nielamu).

Nemoura mesospina: Yang, Li *et* Zhu, 2015. Fauna Sinica Insecta 58: 372.

分布（Distribution）：西藏（XZ）

（146）妙峰山叉蜻 *Nemoura miaofengshanensis* Zhu *et* Yang, 2003

Nemoura miaofengshanensis Zhu *et* Yang, 2003. Acta Zootaxon. Sin. 28 (3): 474. **Type locality:** China (Beijing: Miaofengshan).

Nemoura miaofengshanensis: Yang, Li *et* Zhu, 2015. Fauna Sinica Insecta 58: 374.

分布（Distribution）：北京（BJ）

（147）尖突叉蜻 *Nemoura mucronata* Li *et* Yang, 2008

Nemoura mucronata Li *et* Yang, 2008. Aquat. Ins. 30 (3): 218. **Type locality:** China (Hainan: Ledong, Jianfengling).

Nemoura mucronata: Yang, Li *et* Zhu, 2015. Fauna Sinica Insecta 58: 375.

分布（Distribution）：海南（HI）

（148）南京叉蜻 *Nemoura nankinensis* Wu, 1926

Nemoura nankinensis Wu, 1926. J. Sci. Arts 5 (6): 332. **Type locality:** China (Jiangsu: Nanking).

Nemoura nankinensis: Wu, 1938. Plecopt. Sin.: 182; Illies, 1966. Das Tierreich 82: 208; Yang, Li *et* Zhu, 2015. Fauna Sinica Insecta 58: 376.

分布（Distribution）：江苏（JS）

（149）岐尾叉蜻 *Nemoura needhamia* Wu, 1927

Nemoura needhamia Wu, 1927. China J. Sci. Arts 7: 307. **Type locality:** China (Beijing: Wo-fu-ssu).

Nemoura needhamia: Wu, 1938. Plecopt. Sin.: 183; Yang, Li *et* Zhu, 2015. Fauna Sinica Insecta 58: 377.

分布（Distribution）：北京（BJ）

（150）双目叉蜻 *Nemoura oculata* Wang *et* Du, 2006

Nemoura oculata Wang *et* Du, 2006. *In*: Wang, Du, Sivec *et* Li, 2006. Illiesia 2 (7): 54. **Type locality:** China (Guizhou: Leigong Mountain, Lianhuaping).

Nemoura oculata: Yang, Li *et* Zhu, 2015. Fauna Sinica Insecta 58: 379.

分布（Distribution）：贵州（GZ）

（151）乳突叉蜻 *Nemoura papilla* Okamoto, 1922

Nemoura papilla Okamoto, 1922. Bull. Agr. Exp. Stat. Chosen 1: 34. **Type locality:** Japan (Ishikari).

Nemoura denticulata Kawai, 1954. Mushi 26: 56. **Type locality:** Japan (Nagano, Kamikŏchi, Yakedake).

Nemoura levanidovae Zwick, 1974. Nouv. Rev. Ent. 4: 75. **Type locality:** Russia (Amur-Gebiet, River Khor).

Nemoura papilla: Kohno, 1957. Mushi no Kuni: 3; Kawai, 1960. Mushi 34: 131; Illies, 1966. Das Tierreich 82: 210; Shimizu, 1994. Aquat. Ins. 16 (4): 221; Zhiltzova, 2003. Fauna of Russia and Neighbouring Countries 145: 302; Yang, Li *et* Zhu, 2015. Fauna Sinica Insecta 58: 380.

分布（Distribution）：河南（HEN）、宁夏（NX）、甘肃（GS）；韩国、俄罗斯、日本

（152）多孔叉蜻 *Nemoura perforata* Li *et* Yang, 2006

Nemoura perforata Li *et* Yang, 2006. Zootaxa 1137: 58. **Type locality:** China (Guangxi: Maoershan, Tongrencun).

Nemoura perforata: Yang, Li *et* Zhu, 2015. Fauna Sinica Insecta 58: 381.

分布（Distribution）：福建（FJ）、广西（GX）

（153）圆突叉蜻 *Nemoura rotundprojecta* Du *et* Zhou, 2008

Nemoura rotundprojecta Du *et* Zhou, 2008. *In*: Du, Zhou *et* Wang, 2008. Ent. News 119 (1): 74. **Type locality:** China (Yunnan: Lijiang, Baishui River of Bottom of Snow Mountain of Yulong).
Nemoura rotundprojecta: Yang, Li *et* Zhu, 2015. Fauna Sinica Insecta 58: 383.
分布（Distribution）：云南（YN）

（154）斧状叉蜻 *Nemoura securigera* Klapálek, 1907

Nemoura securigera Klapálek, 1907. Filchner Exped. Zool. Bot. Ergebn. 10: 63. **Type locality:** China (Shaanxi: Tsing Ling).
Nemoura securigera: Wu, 1938. Plecopt. Sin.: 185; Illies, 1966. Das Tierreich 82: 213; Li, Murányi, Pan *et* Yang, 2013. Zootaxa 3746 (3): 475; Yang, Li *et* Zhu, 2015. Fauna Sinica Insecta 58: 384.
分布（Distribution）：内蒙古（NM）、陕西（SN）

（155）四川叉蜻 *Nemoura sichuanensis* Li *et* Yang, 2006

Nemoura sichuanensis Li *et* Yang, 2006. Zootaxa 1137: 59. **Type locality:** China (Sichuan: Luding, Moxi, Yajiageng).
Nemoura sichuanensis: Yang, Li *et* Zhu, 2015. Fauna Sinica Insecta 58: 385.
分布（Distribution）：四川（SC）

（156）多刺叉蜻 *Nemoura spinosa* Wu, 1940

Nemoura spinosa Wu, 1940. Peking Nat. Hist. Bull. 14 (2): 155. **Type locality:** China (Kweichow=Guizhou: Pan Shan).
Nemoura spinosa: Illies, 1966. Das Tierreich 82: 214; Murányi *et* Li, 2013. Zootaxa 3694 (2): 174; Yang, Li *et* Zhu, 2015. Fauna Sinica Insecta 58: 386.
分布（Distribution）：陕西（SN）、贵州（GZ）、云南（YN）；印度

（157）盾形叉蜻 *Nemoura stellata* Li *et* Yang, 2008

Nemoura stellata Li *et* Yang, 2008. Zootaxa 1783: 65. **Type locality:** China (Sichuan: Luding, Hailuogou).
Nemoura stellata: Yang, Li *et* Zhu, 2015. Fauna Sinica Insecta 58: 388.
分布（Distribution）：四川（SC）

（158）太行山叉蜻 *Nemoura taihangshana* Wang, Li *et* Yang, 2013

Nemoura taihangshana Wang, Li *et* Yang, 2013. Zootaxa 3637 (5): 562. **Type locality:** China (Henan: Huixian County, Mt. Wanxianshan of Taihangshan mountain range).
分布（Distribution）：河南（HEN）

（159）三齿叉蜻 *Nemoura tridenticula* Li, Wang *et* Yang, 2012

Nemoura tridenticula Li, Wang *et* Yang, 2012. Zootaxa 3427: 65. **Type locality:** China (Yunnan: 20km from Dulong River Road).
分布（Distribution）：云南（YN）

（160）王氏叉蜻 *Nemoura wangi* Li *et* Yang, 2008

Nemoura wangi Li *et* Yang, 2008. Zootaxa 1783: 66. **Type locality:** China (Xinjiang: Hejing).
Nemoura bidentata Wang *et* Du, 2008. Zootaxa 1879: 18. **Type locality:** China (Xinjiang: Dongshan area of Urumchi).
Nemoura bidentata: Yang, Li *et* Zhu, 2015. Fauna Sinica Insecta 58: 389.
Nemoura wangi: Yang, Li *et* Zhu, 2015. Fauna Sinica Insecta 58: 389.
分布（Distribution）：新疆（XJ）

（161）云南叉蜻 *Nemoura yunnanensis* Wu, 1940

Nemoura yunnanensis Wu, 1940. Peking Nat. Hist. Bull. 14 (2): 157. **Type locality:** China (Yunnan: Huang Hsien).
Nemoura yunnanensis: Illies, 1966. Das Tierreich 82: 215; Yang, Li *et* Zhu, 2015. Fauna Sinica Insecta 58: 391.
分布（Distribution）：云南（YN）

存疑种

（162）微尾倍叉蜻 *Amphinemura microcercia* (Wu, 1938)

Nemoura microcercia Wu, 1938. Plecopt. Sin.: 180. **Type locality:** China (Zhejiang: Mokanshan).
Amphinemura microcercia: Baumann, 1975. Smithson. Contrib. Zool. 211: 31; Yang, Li *et* Zhu, 2015. Fauna Sinica Insecta 58: 392.
分布（Distribution）：浙江（ZJ）

（163）反曲原叉蜻 *Protonemura recurvata* (Wu, 1949)

Nemoura (*Protonemura*) *recurvata* Wu, 1949. Peking Nat. Hist. Bull. 17 (4): 253. **Type locality:** China (Fujian: Shao-wu, Ta-chu-luan).
Protonemura recurvata: Illies, 1966. Das Tierreich 82: 241; Baumann, 1975. Smithson. Contrib. Zool. 211: 32; Yang, Li *et* Zhu, 2015. Fauna Sinica Insecta 58: 393.
分布（Distribution）：福建（FJ）

（164）三叉原叉蜻 *Protonemura trifurcata* (Wu, 1949)

Nemoura (*Protonemura*) *trifurcata* Wu, 1949. Peking Nat. Hist. Bull. 17 (4): 255. **Type locality:** China (Fujian: Shao-wu, Ta-chu-luan).
Protonemura trifurcata: Illies, 1966. Das Tierreich 82: 244; Baumann, 1975. Smithson. Contrib. Zool. 211: 32; Yang, Li *et* Zhu, 2015. Fauna Sinica Insecta 58: 394.
分布（Distribution）：福建（FJ）

（165）杭州叉蜻 *Nemoura hangchowensis* Chu, 1928

Nemoura hangchowensis Chu, 1928. China J. 8: 332. **Type locality:** China (Zhejiang: Hanchow).

Nemoura hangchowensis: Wu, 1938. Plecopt. Sin.: 172; Illies, 1966. Das Tierreich 82: 204; Baumann, 1975. Smithson. Contrib. Zool. 211: 31; Yang, Li *et* Zhu, 2015. Fauna Sinica Insecta 58: 395.
分布（**Distribution**）：浙江（ZJ）

带蜻科 Taeniopterygidae Klapálek, 1905

Taeniopterygidae Klapálek, 1905. Čas. Čes. Spol. Ent. 2: 30. **Type genus:** *Taeniopteryx* Pictet, 1841.

1. 驼翅蜻属 *Kyphopteryx* Kimmins, 1947

Kyphopteryx Kimmins, 1947. Ann. Mag. Nat. Hist. 13: 725. **Type species:** *Kyphopteryx dorsalis* Kimmins, 1947.
Kyphopteryx: Yang, Li *et* Zhu, 2015. Fauna Sinica Insecta 58: 396.

（1）背驼翅蜻 ***Kyphopteryx dorsalis* Kimmins, 1947**

Kyphopteryx dorsalis Kimmins, 1947. Ann. Mag. Nat. Hist. 13: 725. **Type locality:** China (Tibet: Chumbi Valley).
Kyphopteryx dorsalis: Yang, Li *et* Zhu, 2015. Fauna Sinica Insecta 58: 396.
分布（**Distribution**）：西藏（XZ）；印度

2. 中蜻属 *Mesyatsia* Ricker *et* Ross, 1975

Mesyatsia Ricker *et* Ross, 1975. Can. J. Zool. 53: 138. **Type species:** *Rhabdiopteryx lunata* Kimmins, 1947[=*Mesyatsia karakorum* (Šámal, 1935)].
Mesyatsia: Yang, Li *et* Zhu, 2015. Fauna Sinica Insecta 58: 399.

（2）月中蜻 ***Mesyatsia karakorum* (Šámal, 1935)**

Oemopteryx karakorum Šámal, 1935. Wiss. Ergebn. Niederl. Exped. Karakorum 1: 122. Ed. Visser *et* Visser-hooft. **Type locality:** Karakorum.
Rhabdiopteryx lunata Kimmins, 1947. Ann. Mag. Nat. Hist. 13: 723. **Type locality:** China (Tibet: Rongbuk).
Doddsia lunata: Illies, 1966. Das Tierreich 82: 313.
Rhabdiopteryx karakorum: Ricker *et* Ross, 1975. Can. J. Zool. 53: 143.
Mesyatsia karakorum: Zwick *et* Sivec, 1980. Entomol. Basil. 5: 61; Yang, Li *et* Zhu, 2015. Fauna Sinica Insecta 58: 399.
分布（**Distribution**）：西藏（XZ）；印度、巴基斯坦、尼泊尔

原颚组 Systellognatha

蜻总科 Perloidea Latreille, 1802

绿蜻科 Chloroperlidae Okamoto, 1912

Chloroperlinae Okamoto, 1912. Trans. Sapp. Nat. Hist. Soc. 4: 145. **Type genus:** *Chloroperla* Newman, 1836.
Chloroperlidae Illies, 1966. Das Tierreich 82: 426.

绿蜻亚科 Choloroperlinae Okamoto, 1912

Choloroperlinae Okamoto, 1912. Trans. Sapp. Nat. Hist. Soc. 4: 145.
Choloroperlinae: Klapálek, 1912. Coll. Zool. Selys Long. 4 (2): 10; Needham *et* Claassen, 1925. Entomol. Sco. Amer. Thomas Say Found. 2: 127; Wu, 1935. Cat. Ins. Sin. 1: 310; Wu, 1938. Plecopt. Sin.: 151; Claassen, 1940. Mem. Agric. Exp. Sta. Cornell Univ. 232: 184; Ricker, 1943. Ind. Univ. Publ. Sci. Ser. 12: 29; Ricker, 1952. Ind. Univ. Publ. Sci. Ser. 18: 176; Illies, 1966. Das Tierreich 82: 429; Zwick, 1973. Das Tierreich 94: 282; Zwick, 1980. Hand. Zool. 4 (2/7): 18; Stark, Szczytko *et* Baumann, 1986. Great Basin Nat. 46 (3): 389.

1. 异蜻属 *Alloperla* Banks, 1906

Alloperla Banks, 1906. Ent. News 17: 175. **Type species:** *Sialis imbecilla* Say, 1823.

（1）杨氏异蜻 ***Alloperla yangi* Li *et* Wang, 2011**

Alloperla yangi Li *et* Wang, 2011. Zootaxa 3040: 29. **Type locality:** China (Liaoning: Kuandian County, Quanshanlinchang).
分布（**Distribution**）：辽宁（LN）

（2）扁突异蜻 ***Alloperla mediata* (Navás, 1925)**

Chloroperla mediata Navás, 1925. Ent. Mitt. 14: 210. **Type locality:** Siberia (Vladivostok).
Alloperla (*Sweltsa*) *alexanderi* Nelson *et* Hanson, 1968. J. Kansas Ent. Soc. 41: 425. **Type locality:** China (Manchuria: Greater Khingan Mountains, Djalantun).
Chloroperla mediata: Claassen, 1940. Mem. Agric. Exp. Sta. Cornell Univ. 232: 191; Aubert, 1956. Mitt. Schweiz. Ent. Ges. 29: 400; Zapekina-Dulkeit, 1961. Sapowednika, Stolbij: 48; Illies, 1966. Das Tierreich 82: 441.
Alloperla mediata: Zwick, Levanidova *et* Zhiltzova, 1971. Entomol. Obozr. 50 (4): 855; Zwick, 1973. Das Tierreich 94: 285; Zhiltzova *et al.*, 1986. Vesnjanky. *In*: Opredelital Nasekomych Delnego Vostoka SSSR: 1, 197; Judson *et* Nelson, 2012. Zootaxa 3541: 25.
分布（**Distribution**）：中国东北（大兴安岭）；蒙古国、俄罗斯

（3）汤氏异蜻 ***Alloperla thompsoni* Nelson *et* Hanson, 1968**

Alloperla (*Sweltsa*) *thompsoni* Nelson *et* Hanson, 1968. J. Kansas Ent. Soc. 41: 425. **Type locality:** China (Manchuria: Greater Khingan Mountains, Yalu Station).
Alloperla thompsoni: Zwick, 1973. Das Tierreich 94: 287;

Stark *et* Sivec, 2009. Illiesia 5 (14): 156.
分布（**Distribution**）：中国东北（大兴安岭）

（4）竖刺异𫌀 *Alloperla erectospina* Wu, 1938

Alloperla erectospina Wu, 1938. Plecopt. Sin.: 152. **Type locality:** China (Gansu: Mahoshan).
Chloroperla erectospina: Wu, 1973. Acta Ent. Sin. 16 (2): 100.
Alloperla erectospina: Claassen, 1940. Mem. Agric. Exp. Sta. Cornell Univ. 232: 186; Illies, 1966. Das Tierreich 82: 431; Du *et* Sivec, 2005. *In*: Yang X K, 2005. Insect Fauna of Middle-west Qinling Range and South Mountains of Gansu Province: 42.
分布（**Distribution**）：甘肃（GS）

2. 长绿𫌀属 *Sweltsa* Ricker, 1943

Alloperla (*Sweltsa*) Ricker, 1943. Ind. Univ. Publ. Sci. Ser. 12: 135. **Type species:** *Alloperla oregonensis* Frison, 1935.
Sweltsa: Illies, 1966. Das Tierreich 82: 450; Zwick, 1973. Das Tierreich 94: 280; Surdick, 2004. Bull. Ohio Biol. Surv. 14 (4): 23; Kondratieff *et* Baumann, 2009. Illiesia 5 (3): 20-29; Nye *et* Stark, 2010. Illiesia 6 (18): 248-255; Stark, Kondratieff, Kirchner *et* Stewart, 2011. Illiesia 7 (4): 51-64; Li, Yang *et* Yao, 2014. J. Ins. Sci. 14 (286): 1-7.

（5）白云山长绿𫌀 *Sweltsa baiyunshana* Li, Yang *et* Yao, 2014

Sweltsa baiyunshana Li, Yang *et* Yao, 2014. J. Ins. Sci. 14 (286): 2. **Type locality:** China (Henan: Song County, Mt. Baiyuanshan).
分布（**Distribution**）：河南（HEN）

（6）长突长绿𫌀 *Sweltsa longistyla* (Wu, 1938)

Alloperla longistyla Wu, 1938. Plecopt. Sin.: 152. **Type locality:** China (Gansu: Cheumen).
Alloperla longistyla: Wu, 1973. Acta Ent. Sin. 16 (2): 100; Claassen, 1940. Mem. Agric. Exp. Sta. Cornell Univ. 232: 186.
Sweltsa longistyla: Illies, 1966. Das Tierreich 82: 433; Zwick, 1973. Das Tierreich 94: 465; Li, Yang *et* Yao, 2014. J. Ins. Sci. 14 (286): 4.
分布（**Distribution**）：河南（HEN）、陕西（SN）、宁夏（NX）、甘肃（GS）、湖北（HB）

（7）反曲长绿𫌀 *Sweltsa recurvata* (Wu, 1938)

Alloperla recurvata Wu, 1938. Plecopt. Sin.: 154. **Type locality:** China (Kansu: Cheumen).
Alloperla recurvata: Claassen, 1940. Mem. Agric. Exp. Sta. Cornell Univ. 232: 188.
Sweltsa recurvata: Illies, 1966. Das Tierreich 82: 434; Zwick, 1973. Das Tierreich 94: 434; Stark *et* Sivec, 2009. Illiesia 5: 156; Li, Yang *et* Yao, 2014. J. Ins. Sci. 14 (286): 7.
分布（**Distribution**）：甘肃（GS）

（8）胡氏长绿𫌀 *Sweltsa wui* Stark *et* Sivec, 2009

Sweltsa wui Stark *et* Sivec, 2009. Illiesia 5: 157. **Type locality:** China (Sichuan: Pitiao River, Welong, Balangshan).
Sweltsa wui: Li, Yang *et* Yao, 2014. J. Ins. Sci. 14 (286): 7.
分布（**Distribution**）：四川（SC）

（9）云南长绿𫌀 *Sweltsa yunnan* Tierno de Figueroa *et* Fochetti, 2002

Sweltsa yunnan Tierno de Figueroa *et* Fochetti, 2002. Orient. Ins. 36: 93. **Type locality:** China (Yunnan: Zhongdian, Sanba).
Sweltsa yunnan: Li, Yang *et* Yao, 2014. J. Ins. Sci. 14 (286): 7.
分布（**Distribution**）：云南（YN）

3. 简𫌀属 *Haploperla* Navás, 1934

Haploperla Navás, 1934. Not. Entomol. Chin. Mus. HEUDE Shanghai 2 (1): 11. **Type species:** *Haploperla ussurica* Navás, 1934.

（10）周氏简𫌀 *Haploperla choui* Li *et* Yao, 2013

Haploperla choui Li *et* Yao, 2013. *In*: Li, Yao *et* Qin, 2013. Zootaxa 3640 (4): 550. **Type locality:** China (Shaanxi: Qinling Mountain, Huoditang of Pinglianghe Forestry Station at Ningshan County).
分布（**Distribution**）：陕西（SN）

（11）华氏简𫌀 *Haploperla valentinae* Stark *et* Sivec, 2009

Haploperla valentinae Stark *et* Sivec, 2009. Illiesia 5 (14): 162. **Type locality:** China (Sichuan: Balangshan).
分布（**Distribution**）：四川（SC）

（12）莱氏简𫌀 *Haploperla lepnevae* Zhiltzova *et* Zwick, 1971

Haploperla lepnevae Zhiltzova *et* Zwick, 1971. Entomol. Tidskr. 92 (3/4): 185. **Type locality:** Amur basin, River Khor.
Haploperla lepnevae: Zwick, 1973. Das Tierreich 94: 290; Zhiltzova, 1995. Katalog tipovykh ekzemplyarov kollektsii zoologicheskogo instituta RAN. Vesnyanki (Plecoptera): 16; Teslenko *et* Zhiltzova, 2009. Key to the stoneflies (Insecta, Plecoptera) of Russia and adjacent countries: 81; Judson *et* Nelson. 2012. Zootaxa 3541: 27.
分布（**Distribution**）：中国东北；蒙古国、俄罗斯

（13）乌苏里简𫌀 *Haploperla ussurica* Navás, 1934

Haploperla ussurica Navás, 1934. Not. Entomol. Chin. Mus. HEUDE Shanghai 2 (1): 11. **Type locality:** China (Manchuria: Sutschan Ussuri).
Haploperla ussurica: Claassen, 1940. Mem. Cornell Agric. Exp. Sta. 232: 197; Illies, 1966. Das Tierreich 82: 445; Zwick, 1973. Das Tierreich 94: 290; Zhu, Zhang *et* Wang, 2007. J. Shihezi Univ. (Nat. Sci.) 25: 274.
分布（**Distribution**）：中国东北、新疆（XJ）；俄罗斯

拟绿䗛亚科 Paraperlinae Ricker, 1943

Paraperlinae Ricker, 1943. Ind. Univ. Publ. Sci. Ser. 12: 1-145.
Paraperlinae: Illies, 1966. Das Tierreich 82: 426; Zwick, 1973. Das Tierreich 94: 280.

4. 犹绿䗛属 *Utaperla* Ricker, 1952

Utaperla Ricker, 1952. Ind. Univ. Publ. Sci. Ser. 18: 174. **Type species**: *Utaperla sopladora* Ricker, 1952.

(14) 东方犹绿䗛 *Utaperla orientalis* Nelson *et* Hanson, 1969

Utaperla orientalis Nelson *et* Hanson, 1969. Pan-Pacif. Ent. 45 (1): 32. **Type locality:** China (Manchuria: Greater Khingan Mountains, Yalu Station).
Utaperla orientalis: Zhiltzova *et* Levanidova, 1970. Entomol. Obozr. 49 (2): 378; Teslenko *et* Zhiltzova, 2009. Key to the stoneflies (Insecta, Plecoptera) of Russia and adjacent countries: 78; Zwick, 1973. Das Tierreich 94: 282.
分布（**Distribution**）：中国东北（大兴安岭）

䗛科 Perlidae Latreille, 1802

Perlariae Latreille, 1802. Histoire naturelle, générale *et* particulière des crustacés *et* des insectes: ouvrage faisant suite aux oeuvres de Leclerc de Buffon, *et* partie du cours complet d'histoire naturelle rédigé 3: 467. **Type genus:** *Perla* Geoffroy, 1762.
Neoperlinae Enderlein, 1909. Zool. Anz. 34: 386. **Type genus:** *Neoperla* Needham, 1905.
Perlidae: Stephens, 1836. Illustr. Brit. Ent.; or a synopsis of indigenous insects 6: 134-145.

䗛亚科 Perlinae Latreille, 1802

Perlariae Latreille, 1802. Histoire naturelle, générale *et* particulière des crustacés *et* des insectes: ouvrage faisant suite aux oeuvres de Leclerc de Buffon, *et* partie du cours complet d'histoire naturelle rédigé 3: 467. **Type genus:** *Perla* Geoffroy, 1762.
Perlinae: Okamoto, 1912. Trans. Sapp. Nat. Hist. Soc. 4: 115.

锤䗛族 Claasseniini Sivec, Stark *et* Uchida, 1988

Claasseniini Sivec, Stark *et* Uchida, 1988. Scopolia 16: 12. **Type genus**: *Claassenia* Wu, 1934.

1. 锤䗛属 *Claassenia* Wu, 1934

Claassenia Wu, 1934. Ann. Ent. Soc. Amer. 27: 256. **Type species:** information not available.
Adelungia Klapálek, 1914. Čas. Čes. Spol. Ent. 11: 60. **Type species:** *Adelungia caudata* Klapálek, 1916.

(1) 内曲锤䗛 *Claassenia bischoffi* (Wu, 1935)

Acroneuria bischoffi Wu, 1935. Bull. Pek. Soc. Nat. Hist. 9 (3): 235. **Type locality:** China (Guangdong: Canton).
Acroneuria bischoffi: Wu, 1935. Cat. Ins. Sin. 1: 309.
Claassenia bischoffi: Wu, 1938. Plecopt. Sin.: 141; Claassen, 1940. Mem. Cornell Agric. Exp. Sta. 232: 181; Illies, 1966. Das Tierreich 82: 328; Du, Sivec *et* He, 1999. Acta Entomol. Sloven. 7 (1): 60.
分布（**Distribution**）：广东（GD）

(2) 具尾锤䗛 *Claassenia caudata* (Klapálek, 1916)

Adelungia caudata Klapálek, 1916. Čas. Čes. Spol. Ent. 13: 58. **Type locality:** China (Sichuan: Tun River, Luding Bridge).
Adelungia caudata: Wu, 1934. Ann. Ent. Soc. Amer. 27: 256.
Claassenia caudata: Wu, 1935. Cat. Ins. Sin. 1: 309; Wu, 1938. Plecopt. Sin.: 142; Claassen, 1940. Mem. Cornell Agric. Exp. Sta. 232: 181; Illies, 1966. Das Tierreich 82: 328; Zwick, 1973. Das Tierreich 94: 273; Du, Sivec *et* He, 1999. Acta Entomol. Sloven. 7 (1): 60.
分布（**Distribution**）：四川（SC）

(3) 浅褐锤䗛 *Claassenia fulva* Wu, 1973

Claassenia fulva Wu, 1973. Acta Ent. Sin. 16 (2): 110. **Type locality:** China (Hubei: Yichang, Changyang County, Duzhenwan).
Claassenia fulva: Du, Sivec *et* He, 1999. Acta Entomol. Sloven. 7 (1): 60.
分布（**Distribution**）：湖北（HB）

(4) 巨型锤䗛 *Claassenia gigas* (Klapálek, 1916)

Adelungia giga Klapálek, 1916. Čas. Čes. Spol. Ent. 13: 58. **Type locality:** China (Sichuan: Moupin =Baoxing).
Claassenia gigas: Wu, 1935. Cat. Ins. Sin. 1: 309; Wu, 1938. Plecopt. Sin.: 142; Claassen, 1940. Mem. Cornell Agric. Exp. Sta. 232: 181; Illies, 1966. Das Tierreich 82: 328; Du, Sivec *et* He, 1999. Acta Entomol. Sloven. 7 (1): 60.
分布（**Distribution**）：四川（SC）

(5) 长突锤䗛 *Claassenia longistyla* Wu, 1973

Claassenia longistyla Wu, 1973. Acta Ent. Sin. 16 (2): 118. **Type locality:** China (Sichuan: Emeishan, Baoguosi).
Claassenia longistyla: Du, Sivec *et* He, 1999. Acta Entomol. Sloven. 7 (1): 60.
分布（**Distribution**）：四川（SC）

(6) 大型锤䗛 *Claassenia magna* Wu, 1948

Claassenia magna Wu, 1948. Bull. Pek. Soc. Nat. Hist. 17 (2): 146. **Type locality:** China (Fujian: Shao-wu, Ta-chu-luan).
Claassenia magna: Illies, 1966. Das Tierreich 82: 328; Du,

Sivec *et* He, 1999. Acta Entomol. Sloven. 7 (1): 60.
分布（**Distribution**）：福建（FJ）

（7）黑亮锤蟦 *Claassenia radiata* (Klapálek, 1916)

Acroneuria radiata Klapálek, 1916. Čas. Čes. Spol. Ent. 13: 59. **Type locality:** China (Manchuria: Yalu River, 150-200 miles from mouth).
Acroneuria manchuriana Banks, 1920. Bull. Mus. Comp. Zool. 64 (3): 315. **Type locality:** China (Manchuria: Yalu River).
Acroneuria manchuriana: Wu, 1938. Plecopt. Sin.: 143; Claassen, 1940. Mem. Cornell Agric. Exp. Sta. 232: 181; Illies, 1966. Das Tierreich 82: 329; Du, Sivec *et* He, 1999. Acta Entomol. Sloven. 7 (1): 60.
Claassenia manchuriana: Stark *et* Sivec, 2010. Illiesia 6 (24): 306.
Claassenia radiata: Wu, 1935. Cat. Ins. Sin. 1: 309; Wu, 1938. Plecopt. Sin.: 144; Claassen, 1940. Mem. Cornell Agric. Exp. Sta. 232: 181; Illies, 1966. Das Tierreich 82: 329; Stark *et* Sivec, 2010. Illiesia 6 (24): 306; Du, Sivec *et* He, 1999. Acta Entomol. Sloven. 7 (1): 60.
分布（**Distribution**）：中国东北；朝鲜

（8）异型锤蟦 *Claassenia semibrachyptera* Wu *et* Claassen, 1934

Claassenia semibrachyptera Wu *et* Claassen, 1934. Bull. Pek. Soc. Nat. Hist. 9: 127. **Type locality:** China (Szechuan= Sichuan: between Ya-chow and Suifu).
Claassenia semibrachyptera: Wu, 1935. Cat. Ins. Sin. 1: 309; Wu, 1938. Plecopt. Sin.: 144; Banks, 1940. Proc. U. S. Nat. Mus. 88: 175; Wu, 1949. Bull. Peking Nat. His. 17 (2): 146; Brinck, 1954. Opusc. Ent. Suppl. 19 (2-3): 190-201; Illies, 1966. Das Tierreich 82: 329; Zwick, 1973. Das Tierreich 94: 273. Stark *et* Sivec, 2010. Illiesia 6 (24): 308; Du, Sivec *et* He, 1999. Acta Entomol. Sloven. 7 (1): 60.
Perlodes simplicior Navás, 1934. Ark. Zool. 27 A (15): 4. **Type locality:** China (Sichuan).
Perlodes brevipennis Navás, 1934. Ark. Zool. 27 A (15): 5. **Type locality:** China (Sichuan).
Perlodes debilior Navás, 1934. Ark. Zool. 27 A (15): 6. **Type locality:** China (Gansu).
分布（**Distribution**）：甘肃（GS）、四川（SC）、福建（FJ）

（9）花色锤蟦 *Claassenia tincta* (Navás, 1923)

Claassenia (*Perla*) *tincta* Navás, 1923. Rev. Acad. Cienc. Exactas Fis. Quim. Nat. Zaragoza 7: 36. **Type locality:** China (Kweichow=Guizhou).
Claassenia tincta: Wu, 1935. Cat. Ins. Sin. 1: 310; Wu, 1938. Plecopt. Sin.: 146; Claassen, 1940. Mem. Cornell Agric. Exp. Sta. 232: 181; Aubert, 1956. Mitt. Schweiz. Ent. Ges. 29: 441; Illies, 1966. Das Tierreich 82: 330; Du, Sivec *et* He, 1999. Acta Entomol. Sloven. 7 (1): 60.
分布（**Distribution**）：贵州（GZ）

蟦族 Perlini Latreille, 1802

Perlariae Latreille, 1802. Histoire naturelle, générale *et* particulière des crustacés *et* des insectes: ouvrage faisant suite aux oeuvres de Leclerc de Buffon, *et* partie du cours complet d'histoire naturelle rédigé 3: 467. **Type genus:** *Perla* Geoffroy, 1762.
Perlini Banks, 1900. Trans. Amer. Ent. Soc. 26 (3): 240.

2. 剑蟦属 *Agnetina* Klapálek, 1907

Agnetina Klapálek, 1907. Rozpr. Ceské. Akad. 16 (16): 16. **Type species:** *Perla flavescens* Walsh, 1862.
Harrisiola Banks, 1948. Psyche 55 (3): 117. **Type species:** *Perla flavescens* Walsh, 1862.
Neophasganophora Lestage, 1922. Bull. Soc. Entomol. Bel. 4: 102. **Type species:** *Perla capitata* Pictet, 1841.
Phasganophora Klapálek, 1921. Ann. Soc. Ent. Belg. 61: 66. **Type species:** *Perla capitata* Pictet, 1841.

（10）等尖剑蟦 *Agnetina aequalis* (Banks, 1937)

Togoperla aequalis Banks, 1937. Philipp. J. Sci. 62: 269. **Type locality:** China (Taiwan: Shikayau).
Togoperla aequalis: Illies, 1966. Das Tierreich 82: 509.
Agnetina aequalis: Sivec, Stark *et* Uchida, 1988. Scopolia 16: 27; Du *et* Chou, 1998. Entomotaxon. 20 (2): 102; Stark *et* Sivec, 1991. Aqua. Ins. 13: 154; Du, Sivec *et* He, 1999. Acta Entomol. Sloven. 7 (1): 60; Sivec, Yang *et* Lee, 1997. Chin. J. Ent. 17 (3): 189.
分布（**Distribution**）：台湾（TW）

（11）臂钩剑蟦 *Agnetina armata* (Banks, 1940)

Marthamea armata Banks, 1940. Proc. U. S. Nat. Mus. 88: 176. **Type locality:** China (Sichuan: Chengdu).
Marthamea armata: Illies, 1966. Das Tierreich 82: 265.
Agnetina armata: Sivec, Stark *et* Uchida, 1988. Scopolia 16: 27; Du *et* Chou, 1998. Entomotaxon. 20 (2): 102; Du, Sivec *et* He, 1999. Acta Entomol. Sloven. 7 (1): 60.
分布（**Distribution**）：四川（SC）

（12）短翅剑蟦 *Agnetina brevipennis* (Navás, 1912)

Paragnetina brevipennis Navás, 1912. Revue Russe d'Entomol., Series XII: 417. **Type locality:** Sebiria (Garmachta, Chabarovskiy District, River Kur).
Neophasganophora brevipennis: Claassen, 1940. Mem. Cornell Agric. Exp. Sta. 232: 127.
Phasganophora brevipennis: Illies, 1966. Das Tierreich 82: 297.
Agnetina brevipennis: Sivec, Stark *et* Uchida, 1988. Scopolia 16: 27; Zhiltzova, 1995. Katalog tipovykh ekzemplyarov kollektsii zoologicheskogo instituta RAN. Vesnyanki (Plecoptera): 11; Sivec, Zhiltzova *et* Stark, 2005. Scopolia 56: 4; Zhiltzova, 2009. Entomol. Obozr. 88 (2): 381; Zhu, Zhang *et*

Wang, 2006. J. Shihezi Univ. (Nat. Sci.) 24: 547; Zhiltzova, 2009. Entomol. Rev. 89 (4): 424; Judson *et* Nelson, 2012. Zootaxa 3541: 36.

分布（Distribution）：新疆（XJ）；波兰、蒙古国、俄罗斯

（13）金色剑蜻 *Agnetina chrysodes* Navás, 1919

Perla (*Agnetina*) *chrysodes* Navás, 1919. Insecta 9: 186. **Type locality:** China (Beibu Gulf).

Perla chrysodes: Claassen, 1940. Mem. Cornell Agric. Exp. Sta. 232: 136; Illies, 1966. Das Tierreich 82: 475.

Agnetina chrysodes: Zwick, 1984. Aquat. Ins. 6 (2): 73; Sivec, Stark *et* Uchida, 1988. Scopolia 16: 27; Du, Sivec *et* He, 1999. Acta Entomol. Sloven. 7 (1): 60.

分布（Distribution）：北部湾

（14）弯刀剑蜻 *Agnetina curvigladiata* Du *et* Chou, 1998

Agnetina curvigladiata Du *et* Chou, 1998. Entomotaxon. 20 (2): 103. **Type locality:** China (Guangxi: Tianyang).

Agnetina curvigladiata: Du, Sivec *et* He, 1999. Acta Entomol. Sloven. 7 (1): 60.

分布（Distribution）：广西（GX）

（15）倍突剑蜻 *Agnetina duplistyla* (Wu, 1962)

Neophasganophora curvigladiata Wu, 1962. Acta Ent. Sin. 11 (Suppl.): 140. **Type locality:** China (Yunnan: Pu'er).

Neophasganophora curvigladiata: Illies, 1966. Das Tierreich 82: 632; Zwick, 1973. Das Tierreich 94: 266.

Agnetina curvigladiata: Zwick, 1984. Aquat. Ins. 6 (2): 73; Sivec, Stark *et* Uchida, 1988. Scopolia 16: 27; Du *et* Chou, 1998. Entomotaxon. 20 (2): 103; Du, Sivec *et* He, 1999. Acta Entomol. Sloven. 7 (1): 60.

分布（Distribution）：云南（YN）

（16）扁脊剑蜻 *Agnetina extrema* (Navás, 1912)

Togoperla extrema Navás, 1912. Rev. Russ. Ent. St. Peterburg 12: 417. **Type locality:** Russia (Primorskiy Kray, Eugenievka).

Kamimuria sibirica Klapálek, 1916. Čas. Čes. Spol. Ent. 13: 101. **Type locality:** Siberia.

Perla costalis Navás, 1923. Rev. Acad. Cienc. Exactas Fis. Quim. Nat. Zaragoza 7: 27. **Type locality:** Mongolia.

Perla navasa Claassen, 1936. Ann. Ent. Soc. Amer. 29 (4): 623. **Type locality:** Mongolia.

Phasganophora extrema: Klapálek, 1923. Coll. Zool. Selys 4 (2): 91; Illies, 1966. Das Tierreich 82: 299; Zwick, 1973. Das Tierreich 94: 266.

Neophasganophora extrema: Claassen, 1940. Mem. Cornell Agric. Exp. Sta. 232: 128.

Agnetina extrema: Zhiltzova, 1979. Insects of Mongolia 6: 22; Zwick, 1984. Aquat. Ins. 6 (2): 73; Sivec, Stark *et* Uchida, 1988. Scopolia 16: 27; Zhiltzova, 1995. Katalog tipovykh ekzemplyarov kollektsii zoologicheskogo instituta RAN. Vesnyanki (Plecoptera): 12; Du *et* Chou, 1998. Entomotaxon. 20 (2): 104; Du, Sivec *et* He, 1999. Acta Entomol. Sloven. 7 (1): 60; Sivec, Zhiltzova *et* Stark, 2005. Scopolia 56: 10; Zhiltzova, 2009. Entomol. Obozr. 88 (2): 381; Zhiltzova, 2009. Entomol. Rev. 89 (4): 424; Judson *et* Nelson, 2012. Zootaxa 3541: 37.

分布（Distribution）：中国东北；俄罗斯、蒙古国

（17）刀状剑蜻 *Agnetina gladiata* (Wu, 1962)

Neophasganophora gladiata Wu, 1962. Acta Ent. Sin. 11 (Suppl.): 140. **Type locality:** China (Yunnan: Jingdong).

Neophasganophora gladiata: Illies, 1966. Das Tierreich 82: 632.

Phasganophora gladiata: Zwick, 1973. Das Tierreich 94: 266.

Agnetina gladiata: Zwick, 1984. Aquat. Ins. 6 (2): 73; Sivec, Stark *et* Uchida, 1988. Scopolia 16: 29; Du *et* Chou, 1998. Entomotaxon. 20 (2): 104; Du, Sivec *et* He, 1999. Acta Entomol. Sloven. 7 (1): 60.

分布（Distribution）：云南（YN）

（18）克氏剑蜻 *Agnetina kryzhanovskii* Sivec *et* Zhiltzova, 1997

Agnetina kryzhanovskii Sivec *et* Zhiltzova, 1997. Acta Entomol. Sloven. 5 (2): 110. **Type locality:** China (Yunnan: Czindun).

Agnetina kryzhanovskii: Du, Sivec *et* He, 1999. Acta Entomol. Sloven. 7 (1): 60.

分布（Distribution）：云南（YN）

（19）长毛剑蜻 *Agnetina longihirta* Du *et* Chou, 1998

Agnetina longihirta Du *et* Chou, 1998. Entomotaxon. 20: 104. **Type locality:** China (Guangxi: Mt. Daqing).

Agnetina longihirta: Du, Sivec *et* He, 1999. Acta Entomol. Sloven. 7 (1): 60.

分布（Distribution）：广西（GX）

（20）多刺剑蜻 *Agnetina multispinosa* (Wu, 1938)

Paragnetina multispinosa Wu, 1938. Plecopt. Sin.: 203. **Type locality:** China (Guangxi: Wuchow).

Paragnetina multispinosa: Wu, 1940. Bull. Peking Nat. Hist. 14: 331; Claassen, 1940. Mem. Cornell Agric. Exp. Sta. 232: 147; Illies, 1966. Das Tierreich 82: 299.

Neophasganophora multispina: Wu, 1948. Bull. Pek. Soc. Nat. Hist. 16: 269 (misspelled name).

Agnetina multispinosa: Zwick, 1984. Aquat. Ins. 6 (2): 73; Sivec, Stark *et* Uchida, 1988. Scopolia 16: 29; Du *et* Chou, 1998. Entomotaxon. 20 (2): 105; Du, Sivec *et* He, 1999. Acta Entomol. Sloven. 7 (1): 60.

分布（Distribution）：四川（SC）、西藏（XZ）、广西（GX）

（21）纳氏剑蜻 *Agnetina navasi* (Wu, 1935)

Phasganophora navasi Wu, 1935. Cat. Ins. Sin. 1: 306 (nov. nom).

Phasganophora media Navás, 1933 (Preoccupied by *P. media* Walker, 1852). Not. Entomol. Chin. 1: 7. **Type locality:** China (Zhejiang: Chuchow).
Phasganophora navasi: Illies, 1966. Das Tierreich 82: 509.
Neophasganophora navasi: Wu, 1938. Plecopt. Sin.: 69; Claassen, 1940. Mem. Cornell Agric. Exp. Sta. 232: 128.
Agnetina navasi: Sivec, Stark *et* Uchida, 1988. Scopolia 16: 29; Du *et* Chou, 1998. Entomotaxon. 20 (2): 106; Du, Sivec *et* He, 1999. Acta Entomol. Sloven. 7 (1): 60.
分布（**Distribution**）：浙江（ZJ）

（22）烟翅剑蜻 *Agnetina praeusta* (Klapálek, 1912)

Kamimuria praeusta Klapálek, 1912. Čas. Čes. Spol. Ent. 9 (2): 99, 109. **Type locality:** China (Beibu Gulf).
Kamimuria praeusta: Klapálek, 1923. Coll. Zool. Selys Longchamps 4 (2): 32; Claassen, 1940. Mem. Cornell Agric. Exp. Sta. 232: 123; Illies, 1966. Das Tierreich 82: 479.
Agnetina praeusta: Sivec, Stark *et* Uchida, 1988. Scopolia 16: 29; Du *et* Chou, 1998. Entomotaxon. 20 (2): 106; Du, Sivec *et* He, 1999. Acta Entomol. Sloven. 7 (1): 60.
分布（**Distribution**）：北部湾

（23）四瘤剑蜻 *Agnetina quadrituberculata* (Wu, 1935)

Marthamea quadrituberculata Wu, 1935. Bull. Pek. Soc. Nat. Hist. 10: 62. **Type locality:** China (Guangxi: Wuchow).
Marthamea quadrituberculata: Wu, 1938. Plecopt. Sin.: 63; Illies, 1966. Das Tierreich 82: 265.
Agnetina quadrituberculata: Sivec, Stark *et* Uchida, 1988. Scopolia 16: 29; Stark *et* Sivec, 1991. Aqua. Ins. 13: 156; Du, Sivec *et* He, 1999. Acta Entomol. Sloven. 7 (1): 60.
分布（**Distribution**）：福建（FJ）、广西（GX）

（24）有刺剑蜻 *Agnetina spinata* (Wu, 1948)

Neophasganophora spinata Wu, 1948. Bull. Pek. Soc. Nat. Hist. 16: 269. **Type locality:** China (Sichuan: Chengdu).
Neophasganophora spinata: Illies, 1966. Das Tierreich 82: 299.
Agnetina spinata: Zwick, 1984. Aquat. Ins. 6 (2): 71-79; Sivec, Stark *et* Uchida, 1988. Scopolia 16: 29; Du *et* Chou, 1998. Entomotaxon. 20 (2): 106; Du, Sivec *et* He, 1999. Acta Entomol. Sloven. 7 (1): 60.
分布（**Distribution**）：四川（SC）

（25）斯氏剑蜻 *Agnetina starki* Du *et* Chou, 1998

Agnetina starki Du *et* Chou, 1998. Entomotaxon. 20 (2): 107. **Type locality:** China (Fujian: Jianning).
Agnetina starki: Du, Sivec *et* He, 1999. Acta Entomol. Sloven. 7 (1): 60.
分布（**Distribution**）：福建（FJ）

（26）兹氏剑蜻 *Agnetina zwicki* Stark *et* Sivec, 2008

Agnetina zwicki Stark *et* Sivec, 2008. Illiesia 4 (1): 6. **Type locality:** China (Sichuan: Emei Shan).
分布（**Distribution**）：四川（SC）

3. 棒蜻属 *Etrocorema* Klapálek, 1909

Etrocorema Klapálek, 1909. Wien. Ent. Ztg. 28 (7-8): 222. **Type species:** *Etrocorema ahenobarba* Klapálek, 1909 (=*Etrocorema nigrogeniculatum* Enderlein, 1909).
Euryplax Klapálek, 1909. Wien. Ent. Ztg. 28 (7-8): 225. **Type species:** *Euryplax ochrostoma* Klapálek, 1909 (=*Etrocorema nigrogeniculatum* Enderlein, 1909).
Neoeuryplax Claassen, 1936. Ann. Ent. Soc. Amer. 29 (4): 622. **Type species:** *Euryplax ochrostoma* Klapálek, 1909 (=*Etrocorema nigrogeniculatum* Enderlein, 1909).

（27）何氏棒蜻 *Etrocorema hochii* (Wu, 1938)

Tetropina hochii Wu, 1938. Plecopt. Sin.: 207. **Type locality:** China (Hainan).
Tetropina hochii: Illies, 1966. Das Tierreich 82: 301.
Etrocorema hochii: Sivec, Stark *et* Uchida, 1988. Scopolia 16: 35; Wan Nur Asiah, Che Salmah *et* Sivec, 2009. Illiesia 5 (17): 182; Du, Sivec *et* He, 1999. Acta Entomol. Sloven. 7 (1): 60.
分布（**Distribution**）：海南（HI）

4. 钩蜻属 *Kamimuria* Klapálek, 1907

Perla (*Kamimuria*) Klapálek, 1907. Rozpr. Ceské. Akad. 16 (31): 13. **Type species:** *Perla tibialis* Pictet, 1841.
Hamimuria: Navás, 1934. Ark. Zool. 27 A (15): 7. **Type species:** *Perla tibialis* Pictet, 1841.
Kamimuria: Klapálek, 1912. Čas. Čes. Spol. Ent. 9 (2): 86; Klapálek, 1923. Coll. Zool. Selys Longchamps 4 (2): 19; Zwick, 1977. Entomol. Basil. 2: 116.

（28）尖刺钩蜻 *Kamimuria acutispina* Wu, 1973

Kamimuria acutispina Wu, 1973. Acta Ent. Sin. 16 (2): 107. **Type locality:** China (Yunnan: Jinping, Hetouzhai).
Kamimuria acutispina: Du, Sivec *et* He, 1999. Acta Entomol. Sloven. 7 (1): 60; Sivec *et* Stark, 2008. Illiesia 4 (12): 137; Stark *et* Sivec, 2013. Illiesia 9 (11): 117.
分布（**Distribution**）：云南（YN）

（29）可爱钩蜻 *Kamimuria amoena* Klapálek, 1912

Kamimuria amoena Klapálek, 1912. Čas. Čes. Spol. Ent. 9: 86. **Type locality:** China (Tibet: between Sogon Gomba River I-Tschu in the upper course of Blue River).
Kamimuria amoena: Wu, 1935. Cat. Ins. Sin. 1: 302; Wu, 1938. Plecopt. Sin.: 49; Claassen, 1940. Mem. Cornell Agric. Exp. Sta. 232: 121; Illies, 1966. Das Tierreich 82: 286; Sivec, Stark *et* Uchida, 1988. Scopolia 16: 32; Zhiltzova, 1995. Katalog tipovykh ekzemplyarov kollektsii zoologicheskogo instituta RAN. Vesnyanki (Plecoptera): 11; Du, Sivec *et* He, 1999. Acta Entomol. Sloven. 7 (1): 60; Sivec *et* Stark, 2008. Illiesia 4 (12): 137; Stark *et* Sivec, 2013. Illiesia 9 (11): 117.

分布（**Distribution**）：西藏（XZ）

（30）双斑钩蜻 *Kamimuria bimaculata* Du *et* Sivec, 2005

Kamimuria bimaculata Du *et* Sivec, 2005. *In*: Yang X K, 2005. Insect Fauna of Middle-west Qinling Range and South Mountains of Gansu Province: 43. **Type locality:** China (Gansu: Kangxian County, the outskirts of Kangxian City).

Kamimuria bimaculata: Stark *et* Sivec, 2013. Illiesia 9 (11): 117.

分布（**Distribution**）：甘肃（GS）

（31）双刺钩蜻 *Kamimuria bispina* Du, 2005

Kamimuria bispina Du, 2005. *In*: Du *et* Wang, 2005. Plecoptera: Leuctridae, Nemouridae, Perlidae and Peltoperlidae. *In*: Yang *et* Jin. 2005. Insects from Dashahe Nature Reserve of Guizhou: 52. **Type locality:** China (Guizhou: Daozhen County, Dashahe).

Kamimuria bispina: Stark *et* Sivec, 2013. Illiesia 9 (11): 117.

分布（**Distribution**）：贵州（GZ）

（32）短叶钩蜻 *Kamimuria brevilata* Du, 2002

Kamimuria brevilata Du, 2002. *In*: Li *et* Jin. 2002. Insects from Maolan Landscape: 110. **Type locality:** China (Guizhou: Maolan, Xiaoqikong).

Kamimuria brevilata: Stark *et* Sivec, 2013. Illiesia 9 (11): 117.

分布（**Distribution**）：贵州（GZ）

（33）棕角钩蜻 *Kamimuria brunneicornis* Klapálek, 1921

Marthamea brunneicornis Klapálek, 1921. Ann. Soc. Ent. Belg. 61: 147. **Type locality:** China (Kiangsi).

Kamimuria brunneicornis: Wu, 1938. Plecopt. Sin.: 62; Claassen, 1940. Mem. Cornell Agric. Exp. Sta. 232: 125; Illies, 1966. Das Tierreich 82: 265; Sivec, Stark *et* Uchida, 1988. Scopolia 16: 32; Du, Sivec *et* He, 1999. Acta Entomol. Sloven. 7 (1): 60; Sivec *et* Stark, 2008. Illiesia 4 (12): 137; Stark *et* Sivec, 2013. Illiesia 9 (11): 117.

分布（**Distribution**）：江西（JX）

（34）陈氏钩蜻 *Kamimuria cheni* Wu, 1948

Kamimuria cheni Wu, 1948. Bull. Pek. Soc. Nat. Hist. 16: 266. **Type locality:** China (Kwangsi: Yaoshan).

Kamimuria cheni: Illies, 1966. Das Tierreich 82: 288; Du, Sivec *et* He, 1999. Acta Entomol. Sloven. 7 (1): 60; Sivec *et* Stark, 2008. Illiesia 4 (12): 137; Sun *et* Du, 2012. Zootaxa 3455: 61; Stark *et* Sivec, 2013. Illiesia 9 (11): 117.

分布（**Distribution**）：陕西（SN）、四川（SC）、福建（FJ）、广西（GX）

（35）景德镇钩蜻 *Kamimuria chingtechenensis* Wu, 1935

Kamimuria chingtechenensis Wu, 1935. Bull. Pek. Soc. Nat. Hist. 9: 228. **Type locality:** China (Kiangsi: Ching-te-chen).

Kamimuria chingtechenensis: Wu, 1935. Cat. Ins. Sin. 1: 302; Wu, 1938. Plecopt. Sin.: 51; Claassen, 1940. Mem. Cornell Agric. Exp. Sta. 232: 121; Kimmins, 1950. Ann. Mag. Nat. Hist. 3: 195; Illies, 1966. Das Tierreich 82: 288; Du, Sivec *et* He, 1999. Acta Entomol. Sloven. 7 (1): 60; Zwick, 1977. Entomol. Basil. 2: 116; Sivec *et* Stark, 2008. Illiesia 4 (12): 137; Stark *et* Sivec, 2013. Illiesia 9 (11): 117.

分布（**Distribution**）：江西（JX）

（36）终南山钩蜻 *Kamimuria chungnanshana* Wu, 1938

Kamimuria chungnanshana Wu, 1938. Plecopt. Sin.: 197. **Type locality:** China (Shaanxi: Chung-nan-shan, shensi).

Kamimuria chungnanshana: Claassen, 1940. Mem. Cornell Agric. Exp. Sta. 232: 122; Illies, 1966. Das Tierreich 82: 288; Du, Sivec *et* He, 1999. Acta Entomol. Sloven. 7 (1): 60; Du *et* Sivec, 2005. *In*: Yang X K, 2005. Insect Fauna of Middle-west Qinling Range and South Mountains of Gansu Province: 44; Sun *et* Du, 2012. Zootaxa 3455: 63; Zwick, 1977. Entomol. Basil. 2: 116; Sivec *et* Stark, 2008. Illiesia 4 (12): 137; Stark *et* Sivec, 2013. Illiesia 9 (11): 117.

分布（**Distribution**）：陕西（SN）、甘肃（GS）

（37）细短钩蜻 *Kamimuria coarctata* Klapálek, 1912

Kamimuria coarctata Klapálek, 1912. Čas. Čes. Spol. Ent. 9: 93. **Type locality:** China (Nord Peking).

Kamimuria coarctata: Wu, 1935. Cat. Ins. Sin. 1: 302; Wu, 1938. Plecopt. Sin.: 52; Claassen, 1940. Mem. Cornell Agric. Exp. Sta. 232: 122; Illies, 1966. Das Tierreich 82: 289; Zwick, 1977. Entomol. Basil. 2: 116; Sivec, Stark *et* Uchida, 1988. Scopolia 16: 32; Zhiltzova, 1995. Katalog tipovykh ekzemplyarov kollektsii zoologicheskogo instituta RAN. Vesnyanki (Plecoptera): 12; Du, Sivec *et* He, 1999. Acta Entomol. Sloven. 7 (1): 60; Sivec *et* Stark, 2008. Illiesia 4 (12): 137; Stark *et* Sivec, 2013. Illiesia 9 (11): 117.

分布（**Distribution**）：北京（BJ）

（38）大刺钩蜻 *Kamimuria crassispina* Wu, 1948

Kamimuria crassispina Wu, 1948. Bull. Pek. Soc. Nat. Hist. 16: 266. **Type locality:** China (Sichuan: Chengdu).

Kamimuria crassispina: Illies, 1966. Das Tierreich 82: 289; Du, Sivec *et* He, 1999. Acta Entomol. Sloven. 7 (1): 60; Zwick, 1977. Entomol. Basil. 2: 116; Sivec *et* Stark, 2008. Illiesia 4 (12): 137; Stark *et* Sivec, 2013. Illiesia 9 (11): 117.

分布（**Distribution**）：四川（SC）

（39）双带钩蜻 *Kamimuria digyracantha* Du *et* Sun, 2012

Kamimuria digyracantha Du *et* Sun, 2012. *In*: Sun *et* Du, 2012. Zootaxa 3455: 65. **Type locality:** China (Henan: Xinyang City, Jigong Mt.).

Kamimuria digyracantha: Stark *et* Sivec, 2013. Illiesia 9 (11): 117.

分布（**Distribution**）：河南（HEN）

（40）端刺钩蜻 *Kamimuria extremispina* Du, 2006

Kamimuria extremispina Du, 2006. *In*: Li *et* Jin. 2006. Insects from Mountain Fanjing Landscape of Guizhou: 87. **Type locality:** China (Jiangxi: Chong'an County).

Kamimuria extremispina: Stark *et* Sivec, 2013. Illiesia 9 (11): 117.

分布（**Distribution**）：江西（JX）、贵州（GZ）、广西（GX）

（41）台湾钩蜻 *Kamimuria formosana* (Klapálek, 1921)

Paragnetina formosana Klapálek, 1921. Ann. Soc. Ent. Belg. 61: 63. **Type locality:** China (Formosa: Anping).

Paragnetina formosana: Klapálek, 1923. Coll. Zool. Selys Longchamps 4 (2): 78; Illies, 1966. Das Tierreich 82: 495.

Kamimuria formosana: Sivec, Stark *et* Uchida, 1988. Scopolia 16: 32; Du, Sivec *et* He, 1999. Acta Entomol. Sloven. 7 (1): 60; Sivec, Yang *et* Lee, 1997. Chin. J. Ent. 17 (3): 189.

分布（**Distribution**）：台湾（TW）

（42）浅黄钩蜻 *Kamimuria fulvescens* Klapálek, 1912

Kamimuria fulvescens Klapálek, 1912. Čas. Čes. Spol. Ent. 9 (2): 89. **Type locality:** China (Sichuan: Mou-Pin).

Kamimuria latior Klapálek, 1912. Čas. Čes. Spol. Ent. 9 (2): 84-110. **Type locality:** China (Tibet: between Sogon Gomba River I-Tschu in the upper course of Blue River).

Kamimuria latior: Wu, 1938. Plecopt. Sin.: 56.

Kamimuria flavescens: Wu, 1938. Plecopt. Sin.: 55 (misspelled name).

Kamimuria fulvescens: Claassen, 1940. Mem. Cornell Agric. Exp. Sta. 232: 122; Banks, Proc. U. S. Nation. Mus. 88: 175; Illies, 1966. Das Tierreich 82: 290; Sivec, Stark *et* Uchida, 1988. Scopolia 16: 32; Zhiltzova, 1995. Katalog tipovykh ekzemplyarov kollektsii zoologicheskogo instituta RAN. Vesnyanki (Plecoptera): 12; Du, Sivec *et* He, 1999. Acta Entomol. Sloven. 7 (1): 64; Du *et* Sivec, 2005. *In*: Yang X K, 2005. Insect Fauna of Middle-west Qinling Range and South Mountains of Gansu Province: 44; Sivec *et* Stark, 2008. Illiesia 4 (12): 137; Stark *et* Sivec, 2013. Illiesia 9 (11): 117.

分布（**Distribution**）：四川（SC）、西藏（XZ）

（43）巨刺钩蜻 *Kamimuria grandispinata* Du *et* Sun, 2011

Kamimuria grandispinata Du *et* Sun, 2011. Entomotaxon. 33 (2): 94. **Type locality:** China (Guizhou: Suiyang County, Kuankuoshui Nature Reserve).

分布（**Distribution**）：贵州（GZ）

（44）葛氏钩蜻 *Kamimuria gressitti* Stark *et* Sivec, 2013

Kamimuria gressitti Stark *et* Sivec, 2013. Illiesia 9 (11): 119. **Type locality:** China (Hubei: Lichuan District, Suisapa).

分布（**Distribution**）：湖北（HB）

（45）广西钩蜻 *Kamimuria guangxia* Li *et* Wang, 2013

Kamimuria guangxia Li *et* Wang, 2013. *In*: Wang, Wang *et* Li, 2013. ZooKeys 313: 84. **Type locality:** China (Guangxi: Tian'e County, Buliuhe River).

Kamimuria guangxia: Stark *et* Sivec, 2013. Illiesia 9 (11): 117.

分布（**Distribution**）：广西（GX）

（46）海南钩蜻 *Kamimuria hainana* Li, Wang *et* Yu, 2012

Kamimuria hainana Li, Wang *et* Yu, 2012. Zootaxa 3500: 84. **Type locality:** China (Hainan: Baisha County, Yinggeling, Hongmao Village near the large waterfall on an unnamed tributary of Nandu River).

Kamimuria hainana: Stark *et* Sivec, 2013. Illiesia 9 (11): 117.

分布（**Distribution**）：海南（HI）

（47）黄氏钩蜻 *Kamimuria huangi* Du *et* Sivec, 2005

Kamimuria huangi Du *et* Sivec, 2005. *In*: Yang X K, 2005. Insect Fauna of Middle-west Qinling Range and South Mountains of Gansu Province: 44. **Type locality:** China (Gansu: Kangxian County, the outskirts of Kangxian City).

Kamimuria huangi: Stark *et* Sivec, 2013. Illiesia 9 (11): 117.

分布（**Distribution**）：甘肃（GS）

（48）烟褐钩蜻 *Kamimuria infumata* (Navás, 1936)

Paragnetina infumata Navás, 1936. Ark. Zool. 27 A (15): 10. **Type locality:** China (Gansu).

Paragnetina infumata: Illies, 1966. Das Tierreich 82: 495.

Kamimuria infumata: Sivec, Stark *et* Uchida, 1988. Scopolia 16: 32; Du, Sivec *et* He, 1999. Acta Entomol. Sloven. 7 (1): 60; Sivec *et* Stark, 2008. Illiesia 4 (12): 137; Stark *et* Sivec, 2013. Illiesia 9 (11): 117.

分布（**Distribution**）：甘肃（GS）

（49）完整钩蜻 *Kamimuria integra* (Klapálek, 1916)

Paragnetina integra Klapálek, 1916. Čas. Čes. Spol. Ent. 13: 102. **Type locality:** China (Gansu: Lanchoufu).

Paragnetina integra: Claassen, 1940. Mem. Cornell Agric. Exp. Sta. 232: 130; Illies, 1966. Das Tierreich 82: 496.

Kamimuria integra: Sivec, Stark *et* Uchida, 1988. Scopolia 16: 32; Du, Sivec *et* He, 1999. Acta Entomol. Sloven. 7 (1): 60; Sivec *et* Stark, 2008. Illiesia 4 (12): 137; Stark *et* Sivec, 2013. Illiesia 9 (11): 117.

分布（**Distribution**）：甘肃（GS）

（50）吉氏钩蜻 *Kamimuria jeanneli* Wu, 1935

Kamimuria jeanneli Wu, 1935. Bull. Pek. Soc. Nat. Hist. 9: 229. **Type locality:** China (Zhejiang: Hangchow).

Kamimuria jeanneli: Claassen, 1940. Mem. Cornell Agric.

Exp. Sta. 232: 122; Wu, 1935. Cat. Ins. Sin. 1: 302; Illies, 1966. Das Tierreich 82: 478; Du, Sivec *et* He, 1999. Acta Entomol. Sloven. 7 (1): 61; Sivec *et* Stark, 2008. Illiesia 4 (12): 137; Stark *et* Sivec, 2013. Illiesia 9 (11): 117.
分布（**Distribution**）：浙江（ZJ）

（51）吉林钩蜻 *Kamimuria kirinensis* Wu, 1938

Kamimuria kirinensis Wu, 1938. Plecopt. Sin.: 198. **Type locality:** China (Kirin).
Kamimuria kirinensis: Claassen, 1940. Mem. Cornell Agric. Exp. Sta. 232: 122; Illies, 1966. Das Tierreich 82: 290; Du, Sivec *et* He, 1999. Acta Entomol. Sloven. 7 (1): 61; Zwick, 1977. Entomol. Basil. 2: 116; Sivec *et* Stark, 2008. Illiesia 4 (12): 137; Stark *et* Sivec, 2013. Illiesia 9 (11): 117.
分布（**Distribution**）：吉林（JL）

（52）克氏钩蜻 *Kamimuria klapaleki* (Wu *et* Claassen, 1934)

Tylopyge klapaleki Wu *et* Claassen, 1934. Bull. Pek. Nat. Hist. 9: 118. **Type locality:** China (Sichuan: Yao-Gi).
Tylopyge klapaleki: Wu, 1938. Plecopt. Sin.: 97; Claassen, 1940. Mem. Cornell Agric. Exp. Sta. 232: 151; Illies, 1966. Das Tierreich 82: 303.
Kamimuria klapaleki: Sivec, Stark *et* Uchida, 1988. Scopolia 16: 32; Du, Sivec *et* He, 1999. Acta Entomol. Sloven. 7 (1): 64; Sivec *et* Stark, 2008. Illiesia 4 (12): 133.
分布（**Distribution**）：四川（SC）

（53）可爱钩蜻 *Kamimuria lepida* Klapálek, 1913

Kamimuria lepida Klapálek, 1913. Suppl. Ent. 2: 112. **Type locality:** China (Formosa: Suisharyo).
Kamimuria lepida: Claassen, 1940. Mem. Cornell Agric. Exp. Sta. 232: 123; Illies, 1966. Das Tierreich 82: 291; Zwick, 1977. Entomol. Basil. 2: 116; Sivec, Stark *et* Uchida, 1988. Scopolia 16: 32; Du, Sivec *et* He, 1999. Acta Entomol. Sloven. 7 (1): 61; Sivec, Yang *et* Lee, 1997. Chin. J. Ent. 17 (3): 190.
分布（**Distribution**）：台湾（TW）

（54）李氏钩蜻 *Kamimuria lii* Du, 2002

Kamimuria lii Du, 2002. *In*: Li *et* Jin. 2002. Insects from Maolan Landscape: 110. **Type locality:** China (Guizhou: Maolan, Sanchahe).
Kamimuria lii: Stark *et* Sivec, 2013. Illiesia 9 (11): 117.
分布（**Distribution**）：贵州（GZ）

（55）刘氏钩蜻 *Kamimuria liui* (Wu, 1940)

Perla liui Wu, 1940. Bull. Peking Nat. Hist. 14: 331. **Type locality:** China (Sichuan: Pao-Hsing, Liang-ho-k'ou).
Perla brevata: Illies, 1966. Das Tierreich 82: 287; Zwick, 1973. Das Tierreich 94: 262.
Kamimuria brevata: Wu, 1948. Bull. Pek. Soc. Nat. Hist. 16 (3/4): 265. **Type locality:** China (Sichuan: His-k'ang).
Perla spinulata Wu, 1948. Bull. Pek. Soc. Nat. Hist. 16 (3/4): 271; Illies, 1966. Das Tierreich 82: 295.
Kamimuria spinulata: Zwick, 1977. Entomol. Basil. 2: 116.
Perla liui: Illies, 1966. Das Tierreich 82: 291; Wu, 1962. Acta Ent. Sin. 11 (Suppl.): 143.
Kamimuria liui: Zwick, 1977. Entomol. Basil. 2: 116; Sivec, 1981. Aquat. Ins. 3 (4): 252; Sivec, Stark *et* Uchida, 1988. Scopolia 16: 32; Du, Sivec *et* He, 1999. Acta Entomol. Sloven. 7 (1): 64; Du *et* Sivec, 2005. *In*: Yang X K, 2005. Insect Fauna of Middle-west Qinling Range and South Mountains of Gansu Province: 45; Stark *et* Sivec, 2008. Illiesia 4 (12): 137; Stark *et* Sivec, 2013. Illiesia 9 (11): 117.
分布（**Distribution**）：陕西（SN）、四川（SC）、云南（YN）；尼泊尔

（56）长刺钩蜻 *Kamimuria longispina* Wu, 1948

Kamimuria longispina Wu, 1948. Bull. Pek. Soc. Nat. Hist. 16: 267. **Type locality:** China (Guangxi: Yaoshan).
Kamimuria longispina: Illies, 1966. Das Tierreich 82: 291; Zwick, 1977. Entomol. Basil. 2: 116; Du, Sivec *et* He, 1999. Acta Entomol. Sloven. 7 (1): 61; Stark *et* Sivec, 2013. Illiesia 9 (11): 117.
分布（**Distribution**）：广西（GX）

（57）大形钩蜻 *Kamimuria magna* Wu, 1938

Kamimuria magna Wu, 1938. Plecopt. Sin.: 198. **Type locality:** China (Southeastern Shanxi: Tsi Li Yu).
Kamimuria magna: Claassen, 1940. Mem. Cornell Agric. Exp. Sta. 232: 123; Wu, 1962. Acta Ent. Sin. 11 (Suppl.): 143; Du, Sivec *et* He, 1999. Acta Entomol. Sloven. 7 (1): 61; Stark *et* Sivec, 2013. Illiesia 9 (11): 117.
Perla magna: Illies, 1966. Das Tierreich 82: 291; Zwick, 1973. Das Tierreich 94: 263.
分布（**Distribution**）：山西（SX）

（58）大斑钩蜻 *Kamimuria magnimacula* Du, 2005

Kamimuria magnimacula Du, 2005. *In*: Du *et* Wang, 2005. Plecoptera: Leuctridae, Nemouridae, Perlidae and Peltoperlidae. *In*: Yang *et* Jin. 2005. Insects from Dashahe Nature Reserve of Guizhou: 53. **Type locality:** China (Guizhou: Daozhen County, Dashahe).
Kamimuria magnimacula: Stark *et* Sivec, 2013. Illiesia 9 (11): 117.
分布（**Distribution**）：贵州（GZ）

（59）东北钩蜻 *Kamimuria manchuriana* Wu, 1938

Kamimuria manchuriana Wu, 1938. Plecopt. Sin.: 199. **Type locality:** China (Manchuria: about 150-200 miles from the mouth of Yalu River).
Kamimuria manchuriana: Claassen, 1940. Mem. Cornell Agric. Exp. Sta. 232: 123; Illies, 1966. Das Tierreich 82: 291; Zwick, 1977. Entomol. Basil. 2: 116; Du, Sivec *et* He, 1999. Acta Entomol. Sloven. 7 (1): 61; Sivec *et* Stark, 2008. Illiesia 4 (12): 134; Stark *et* Sivec, 2013. Illiesia 9 (11): 117.
分布（**Distribution**）：中国东北（鸭绿江）

（60）茂兰钩蜻 *Kamimuria maolanensis* Du, 2002

Kamimuria maolanensis Du, 2002. *In*: Li *et* Jin. 2002. Insects from Maolan Landscape: 111. **Type locality:** China (Guizhou: Maolan, Sanchahe).

Kamimuria maolanensis: Stark *et* Sivec, 2013. Illiesia 9 (11): 117.

分布（**Distribution**）：贵州（GZ）

（61）梅氏钩蜻 *Kamimuria melli* Wu, 1935

Kamimuria melli Wu, 1935. Bull. Pek. Soc. Nat. Hist. 9: 229. **Type locality:** China (Kwangtung: Tong-Cuy-San).

Kamimuria melli: Wu, 1935. Cat. Ins. Sin. 1: 303; Wu, 1938. Plecopt. Sin.: 57; Claassen, 1940. Mem. Cornell Agric. Exp. Sta. 232: 123; Wu, 1940. Bull. Peking Nat. Hist. 14: 331; Illies, 1966. Das Tierreich 82: 293; Zwick, 1977. Entomol. Basil. 2: 116; Du, Sivec *et* He, 1999. Acta Entomol. Sloven. 7 (1): 61; Stark *et* Sivec, 2013. Illiesia 9 (11): 117.

分布（**Distribution**）：广东（GD）

（62）苗岭钩蜻 *Kamimuria miaolingensis* Du *et* Wang, 2007

Kamimuria miaolingensis Du *et* Wang, 2007. *In*: Li, Yang *et* Jin. 2007. Insects from Mountain Leigongshan Landscape of Guizhou: 86. **Type locality:** China (Guizhou: Leigong Mountain, Lianhuaping).

Kamimuria miaolingensis: Stark *et* Sivec, 2013. Illiesia 9 (11): 117.

分布（**Distribution**）：贵州（GZ）

（63）小齿钩蜻 *Kamimuria microda* Du, 2002

Kamimuria microda Du, 2002. *In*: Li *et* Jin. 2002. Insects from Maolan Landscape: 112. **Type locality:** China (Guizhou: Maolan, Sanchahe).

Kamimuria microda: Stark *et* Sivec, 2013. Illiesia 9 (11): 117.

分布（**Distribution**）：贵州（GZ）

（64）黑色钩蜻 *Kamimuria nigrita* Wu, 1962

Perla nigrita Wu, 1962. Acta Ent. Sin. 11 (Suppl.): 140. **Type locality:** China (Yunnan: Simao).

Perla nigrita: Illies, 1966. Das Tierreich 82: 632.

Kamimuria nigita Wu, 1962. Acta Ent. Sci. 11 (Suppl.): 144. (misspelled name).

Kamimuria nigrita: Zwick, 1973. Das Tierreich 94: 264; Zwick, 1977. Entomol. Basil. 2: 116; Sivec, Stark *et* Uchida, 1988. Scopolia 16: 32; Sivec *et* Stark, 2008. Illiesia 4 (12): 137; Du, Sivec *et* He, 1999. Acta Entomol. Sloven. 7 (1): 61; Stark *et* Sivec, 2013. Illiesia 9 (11): 117.

分布（**Distribution**）：云南（YN）

（65）长方钩蜻 *Kamimuria orthogonia* Wu, 1962

Perla orthogonia Wu, 1962. Acta Ent. Sin. 11 (Suppl.): 144. **Type locality:** China (Sichuan: Emeishan).

Perla orthogonia: Illies, 1966. Das Tierreich 82: 632.

Kamimuria orthogonia: Zwick, 1973. Das Tierreich 94: 264; Sivec, Stark *et* Uchida, 1988. Scopolia 16: 32; Du, Sivec *et* He, 1999. Acta Entomol. Sloven. 7 (1): 61; Stark *et* Sivec, 2013. Illiesia 9 (11): 117.

分布（**Distribution**）：四川（SC）

（66）粗大钩蜻 *Kamimuria robusta* Wu, 1948

Kamimuria robusta Wu, 1948. Bull. Pek. Soc. Nat. Hist. 16: 268. **Type locality:** China (Fujian: Shao-wu, Li-chia-p'o).

Kamimuria robusta: Illies, 1966. Das Tierreich 82: 294; Zwick, 1977. Entomol. Basil. 2: 116; Du, Sivec *et* He, 1999. Acta Entomol. Sloven. 7 (1): 61; Stark *et* Sivec, 2013. Illiesia 9 (11): 117.

分布（**Distribution**）：福建（FJ）

（67）相似钩蜻 *Kamimuria similis* Klapálek, 1912

Kamimuria similis Klapálek, 1912. Čas. Čes. Spol. Ent. 9: 100. **Type locality:** China (Beibu Gulf Frontier, region of Lao-Kay and Ho-Kheou).

Kamimuria similis: Wu, 1938. Plecopt. Sin.: 59; Claassen, 1940. Mem. Cornell Agric. Exp. Sta. 232: 124; Illies, 1966. Das Tierreich 82: 294; Sivec, Stark *et* Uchida, 1988. Scopolia 16: 33; Du, Sivec *et* He, 1999. Acta Entomol. Sloven. 7 (1): 61; Sivec *et* Stark, 2008. Illiesia 4 (12): 123.

分布（**Distribution**）：云南（YN）；越南

（68）简单钩蜻 *Kamimuria simplex* (Chu, 1929)

Perla simplex Chu, 1929. China J. 10: 88. **Type locality:** China (Zhejiang: Hangzhou, Middle Teitsok).

Perla simplex: Claassen, 1940. Mem. Cornell Agric. Exp. Sta. 232: 145.

Kamimuria simplex: Wu, 1938. Plecopt. Sin.: 200; Banks, 1940. Proc. U. S. Nat. Mus. 88: 175; Illies, 1966. Das Tierreich 82: 294; Du, Sivec *et* He, 1999. Acta Entomol. Sloven. 7 (1): 61; Zwick, 1977. Entomol. Basil. 2: 116; Sivec *et* Stark, 2008. Illiesia 4 (12): 137; Stark *et* Sivec, 2013. Illiesia 9 (11): 117.

分布（**Distribution**）：浙江（ZJ）

（69）稀疏钩蜻 *Kamimuria sparsula* Du, 2001

Kamimuria sparsula Du, 2001. *In*: Wu *et* Pan, 2001. Insects of Tianmushan National Nature Reserve: 75. **Type locality:** China (Zhejiang: Lin'an, Tianmu Mountain).

Kamimuria sparsula: Sivec *et* Stark, 2008. Illiesia 4 (12): 137; Stark *et* Sivec, 2013. Illiesia 9 (11): 117.

分布（**Distribution**）：浙江（ZJ）

（70）陶氏钩蜻 *Kamimuria taoi* Wu, 1936

Kamimuria taoi Wu, 1936. Bull. Pek. Soc. Nat. Hist. 11: 188. **Type locality:** China (Kwangsi: Wuchow).

Kamimuria taoi: Wu, 1938. Plecopt. Sin.: 60; Claassen, 1940. Mem. Cornell Agric. Exp. Sta. 232: 124; Banks, 1940. Proc. U.

S. Nat. Mus. 88: 175; Kimmins, 1950. Ann. Mag. Nat. Hist. 3: 195; Illies, 1966. Das Tierreich 82: 295; Du, Sivec *et* He, 1999. Acta Entomol. Sloven. 7 (1): 61; Sivec *et* Stark, 2008. Illiesia 4 (12): 137.
分布（**Distribution**）：广西（GX）

（71）细刺钩蜻 *Kamimuria tenuispina* Wu, 1948

Kamimuria tenuispina Wu, 1948. Bull. Pek. Soc. Nat. Hist. 16: 268. **Type locality:** China (Sichuan: Chengdu).
Kamimuria tenuispina: Illies, 1966. Das Tierreich 82: 295; Du, Sivec *et* He, 1999. Acta Entomol. Sloven. 7 (1): 61; Sivec *et* Stark, 2008. Illiesia 4 (12): 137; Stark *et* Sivec, 2013. Illiesia 9 (11): 117.
分布（**Distribution**）：四川（SC）

（72）背斑钩蜻 *Kamimuria tergistigma* Du, 2004

Kamimuria tergistigma Du, 2004. *In*: Yang X K. 2004. Insects from Mt. Shiwandashan area of Guangxi: 40. **Type locality:** China (Guangxi: Jinxiu County, the outskirts of Jinxiu City).
Kamimuria tergistigma: Stark *et* Sivec, 2013. Illiesia 9 (11): 117.
分布（**Distribution**）：广西（GX）

（73）天目山钩蜻 *Kamimuria tienmushanensis* Wu, 1938

Kamimuria tienmushanensis Wu, 1938. Plecopt. Sin.: 202. **Type locality:** China (Zhejiang: Tianmushan).
Kamimuria tienmushanensis: Claassen, 1940. Mem. Cornell Agric. Exp. Sta. 232: 124; Banks, 1940. Proc. U. S. Nat. Mus. 88: 176; Illies, 1966. Das Tierreich 82: 295; Du, Sivec *et* He, 1999. Acta Entomol. Sloven. 7 (1): 61; Sivec *et* Stark, 2008. Illiesia 4 (12): 137.
分布（**Distribution**）：浙江（ZJ）

（74）梯形钩蜻 *Kamimuria trapezoidea* Wu, 1962

Kamimuria trapezoidea Wu, 1962. Acta Ent. Sin. 11 (Suppl.): 140. **Type locality:** China (Yunnan: Jinping).
Kamimuria trapezoidea: Illies, 1966. Das Tierreich 82: 632; Zwick, 1973. Das Tierreich 94: 265; Du, Sivec *et* He, 1999. Acta Entomol. Sloven. 7 (1): 61; Sivec, Stark *et* Uchida, 1988. Scopolia 16: 33; Sivec *et* Stark, 2008. Illiesia 4 (12): 137; Stark *et* Sivec, 2013. Illiesia 9 (11): 117.
分布（**Distribution**）：云南（YN）

（75）有瘤钩蜻 *Kamimuria tuberosa* Wu, 1973

Kamimuria tuberosa Wu, 1973. Acta Ent. Sin. 16 (2): 108. **Type locality:** China (Sichuan: Emeishan, Baoguosi Temple).
Kamimuria tuberosa: Sivec, Stark *et* Uchida, 1988. Scopolia 16: 33; Du, Sivec *et* He, 1999. Acta Entomol. Sloven. 7 (1): 61; Sivec *et* Stark, 2008. Illiesia 4 (12): 136; Stark *et* Sivec, 2013. Illiesia 9 (11): 117.
分布（**Distribution**）：四川（SC）

（76）王氏钩蜻 *Kamimuria wangi* Sun *et* Du, 2012

Kamimuria wangi Sun *et* Du, 2012. Zootaxa 3455: 65. **Type locality:** China (Shaanxi: Taibai County).
Kamimuria wangi: Stark *et* Sivec, 2013. Illiesia 9 (11): 117.
分布（**Distribution**）：河南（HEN）、陕西（SN）

（77）杨氏钩蜻 *Kamimuria yangi* Du *et* Sivec, 2005.

Kamimuria yangi Du *et* Sivec, 2005. *In*: Yang X K, 2005. Insect Fauna of Middle-west Qinling Range and South Mountains of Gansu Province: 45. **Type locality:** China (Gansu: Kangxian County, the Qinghe forestry center).
Kamimuria yangi: Stark *et* Sivec, 2013. Illiesia 9 (11): 117.
分布（**Distribution**）：甘肃（GS）

5. 近蜻属 *Neoperlops* Banks, 1939

Neoperlops Banks, 1939. Bull. Mus. Comp. Zool. 85 (7): 444. **Type species:** *Neoperlops gressitti* Banks, 1939.

（78）陈氏近蜻 *Neoperlops cheni* (Wu, 1938)

Tetropina cheni Wu, 1938. Plecopt. Sin.: 206. **Type locality:** China (Guangxi: Lo'cheng).
Tetropina cheni: Claassen, 1940. Mem. Cornell Agric. Exp. Sta. 232: 170; Illies, 1966. Das Tierreich 82: 300.
Neoperlops cheni: Zwick, 1984. Aquat. Ins. 6 (3): 175; Du, Sivec *et* He, 1999. Acta Entomol. Sloven. 7 (1): 61.
分布（**Distribution**）：广西（GX）

（79）嘉氏近蜻 *Neoperlops gressitti* Banks, 1939

Neoperlops gressitti Banks, 1939. Bull. Mus. Comp. Zool. 85 (7): 445. **Type locality:** China (Guangdong: Yim Na San).
Neoperlops gressitti: Illies, 1966. Das Tierreich 82: 271; Zwick, 1984. Aquat. Ins. 6 (3): 173; Du, Sivec *et* He, 1999. Acta Entomol. Sloven. 7 (1): 61.
分布（**Distribution**）：广东（GD）

（80）暗翅近蜻 *Neoperlops obscuripennis* Banks, 1939

Neoperlops obscuripennis Banks, 1939. Bull. Mus. Comp. Zool. 85 (7): 445. **Type locality:** China (Guangdong: Yim Na San).
Neoperlops obscuripennis: Illies, 1966. Das Tierreich 82: 493; Zwick, 1984. Aquat. Ins. 6 (3): 174; Du, Sivec *et* He, 1999. Acta Entomol. Sloven. 7 (1): 61; Stark *et* Sivec, 2008. Illiesia 4 (10): 94.
分布（**Distribution**）：广东（GD）；越南

6. 铁蜻属 *Oyamia* Klapálek, 1907

Perla (*Oyamia*) Klapálek, 1907. Rozpr. Ceské. Akad. 16 (31): 21. **Type species:** *Perla seminigra* Klapálek, 1907.
Oyamia: Illies, 1966. Das Tierreich 82: 280.

（81）黑基铁䗛 *Oyamia nigribasis* Banks, 1920

Oyamia nigribasis Banks, 1920. Bull. Mus. Comp. Zool. 64 (3): 316. **Type locality:** China (Manchuria: Yalu River, 150 to 200 miles from mouth).

Oyamia amurica Klapálek, 1921. Ann. Soc. Ent. Belg. 61: 147; Klapálek, 1923. Coll. Zool. Selys 4 (2): 109; Claassen, 1940. Mem. Cornell Agric. Exp. Sta. 232: 128; Illies, 1966. Das Tierreich 82: 280; Sivec, Stark *et* Uchida, 1988. Scopolia 16: 26.

Oyamia coreana Okamoto, 1921. Trans. Sapporo. Nat. Hist. Soc. 8: 48.

Oyamia nigribasis: Wu, 1938. Plecopt. Sin.: 72; Claassen, 1940. Mem. Cornell Agric. Exp. Sta. 232: 128; Illies, 1966. Das Tierreich 82: 281; Sivec, Stark *et* Uchida, 1988. Scopolia 16: 26; Du, Sivec *et* He, 1999. Acta Entomol. Sloven. 7 (1): 61; Isobe *et* Uchida, 2009. Aquat. Ins. 31 (Supplement 1): 241; Stark, 2010. Illiesia 6 (1): 7.

分布（**Distribution**）：中国东北；朝鲜

7. 纯䗛属 *Paragnetina* Klapálek, 1907

Perla (*Paragnetina*) Klapálek, 1907. Rozpr. Ceské. Akad. 16 (31): 17. **Type species:** *Perla tinctipennis* McLachlan, 1875.

Tylopyge Klapálek, 1913. Suppl. Ent. 2: 114. **Type species:** *Tylopyge planidorsa* Klapálek, 1913.

Banksiana Claassen, 1936. Ann. Ent. Soc. Amer. 29 (4): 622. **Type species:** *Paragnetina lacrimosa* Klapálek, 1921.

Banksiella Klapálek, 1921. Ann. Soc. Ent. Belg. 61: 147. **Type species:** *Paragnetina lacrimosa* Klapálek, 1921.

Caucasoperla Zhiltzova, 1967. Entomol. Obozr. 46 (4): 850. **Type species:** *Caucasoperla spinulifera* Zhiltzova, 1967 = *Paragnetina transoxanica* (Klapálek, 1921).

Paragnetina Ricker, 1949. Ann. Ent. Soc. Amer. 42 (3): 279-288; Illies, 1966. Das Tierreich 82: 261; Zwick, 1973. Das Tierreich 94: 260; Sivec, Stark *et* Uchida, 1988. Scopolia 16: 21; Judson *et* Nelson, 2012. Zootaxa 3541: 38.

（82）尖突纯䗛 *Paragnetina acutistyla* Wu, 1973

Paragnetina acutistyla Wu, 1973. Acta Ent. Sin. 16 (2): 108. **Type locality:** China (Sichuan: Fulin).

分布（**Distribution**）：四川（SC）

（83）中华纯䗛 *Paragnetina chinensis* (Klapálek, 1912)

Kamimuria chinensis Klapálek, 1912. Čas. Čes. Spol. Ent. 9 (2): 92, 106. **Type locality:** Central-China.

Kamimuria chinensis: Klapálek, 1923. Coll. Zool. Selys Longchamps 4 (2): 25; Wu, 1935. Cat. Ins. Sin. 1: 302; Claassen, 1940. Mem. Cornell Agric. Exp. Sta. 232: 121; Illies, 1966. Das Tierreich 82: 477.

Paragnetina chinensis: Sivec, Stark *et* Uchida, 1988. Scopolia 16: 21; Du, Sivec *et* He, 1999. Acta Entomol. Sloven. 7 (1): 61.

分布（**Distribution**）：中国中部

（84）黄色纯䗛 *Paragnetina flavotincta* (McLachlan, 1872)

Perla flavotincta McLachlan, 1872. Ann. Soc. Ent. Belg. 15: 54. **Type locality:** Russia (Amur).

Paragnetina flavotincta: Claassen, 1940. Mem. Cornell Agric. Exp. Sta. 232: 129; Illies, 1966. Das Tierreich 82: 74; Zhu, Zhang *et* Wang, 2006. J. Shihezi Univ. (Nat. Sci.) 24: 548; Judson *et* Nelson, 2012. Zootaxa 3541: 39.

分布（**Distribution**）：新疆（XJ）；俄罗斯、蒙古国

（85）四川纯䗛 *Paragnetina hummelina* (Navás, 1936)

Phasganophora hummelina Navás, 1936. Ark. Zool. 27 A (15): 10. **Type locality:** China (Szechuan=Sichuan).

Phasganophora hummelina: Claassen, 1940. Mem. Cornell Agric. Exp. Sta. 232: 128; Illies, 1966. Das Tierreich 82: 509.

Paragnetina hummelina: Sivec, Stark *et* Uchida, 1988. Scopolia 16: 21; Du, Sivec *et* He, 1999. Acta Entomol. Sloven. 7 (1): 61.

分布（**Distribution**）：四川（SC）

（86）缺刻突纯䗛 *Paragnetina indentata* Wu *et* Claassen, 1934

Paragnetina indentata Wu *et* Claassen, 1934. Bull. Pek. Soc. Nat. Hist. 9: 117. **Type locality:** China (Sichuan: Suifu).

Paragnetina indentata: Wu, 1938. Plecopt. Sin.: 80; Claassen, 1940. Mem. Cornell Agric. Exp. Sta. 232: 130; Banks, 1940. Proc. U. S. Nat. Mus. 88: 178; Ueno, 1941. Kontyu 15: 23; Wu, 1948. Bull. Pek. Nat. Hist. 16: 270; Illies, 1966. Das Tierreich 82: 283; Zwick, 1973. Das Tierreich 94: 261; Sivec, Stark *et* Uchida, 1988. Scopolia 16: 21; Du, Sivec *et* He, 1999. Acta Entomol. Sloven. 7 (1): 61.

分布（**Distribution**）：四川（SC）

（87）显著纯䗛 *Paragnetina insignis* Banks, 1939

Paragnetina insignis Banks, 1939. Bull. Mus. Comp. Zool. 85 (7): 441. **Type locality:** China (Guangxi).

Paragnetina insignis: Illies, 1966. Das Tierreich 82: 283; Du, Sivec *et* He, 1999. Acta Entomol. Sloven. 7 (1): 61.

分布（**Distribution**）：广西（GX）

（88）悲伤纯䗛 *Paragnetina lacrimosa* Klapálek, 1921

Paragnetina lacrimosa Klapálek, 1921. Ann. Soc. Ent. Belg. 61: 62. **Type locality:** China (Fujian: Guadun).

Paragnetina lacrimosa: Wu, 1938. Plecopt. Sin.: 81; Claassen, 1940. Mem. Cornell Agric. Exp. Sta. 232: 130; Illies, 1966. Das Tierreich 82: 281, 284; Kimmins, 1970. Bull. Br. Mus. Nat. Hist. Ent. 24 (8): 344; In Huang B (ed.): Fauna of Insects in Fujian Province of China. 3: 307. Du, Sivec *et* He, 1999. Acta Entomol. Sloven. 7 (1): 61.

分布（**Distribution**）：福建（FJ）

（89）土黄纯𫌀 *Paragnetina lutescens* Navás, 1911

Paragnetina lutescens Navás, 1911. Rev. Russe Ent. 11: 111. **Type locality:** Sud-China (Flubmin).

Paragnetina lutescens: Klapálek, 1923. Coll. Zool. Selys Longchamps 4 (2): 70; Claassen, 1940. Mem. Cornell Agric. Exp. Sta. 232: 130; Illies, 1966. Das Tierreich 82: 496; Du, Sivec *et* He, 1999. Acta Entomol. Sloven. 7 (1): 61.

分布（**Distribution**）：中国南部

（90）内蒙古纯𫌀 *Paragnetina neimongolica* Yang *et* Yang, 1996

Paragnetina neimongolica Yang *et* Yang, 1996. Journal of China Agricultural University 1 (5): 115. **Type locality:** China (Inner Mongolia: Xing'an League).

Paragnetina neimongolica: Du, Sivec *et* He, 1999. Acta Entomol. Sloven. 7 (1): 61.

分布（**Distribution**）：内蒙古（NM）

（91）黄头纯𫌀 *Paragnetina ochrocephala* Klapálek, 1921

Paragnetina ochrocephala Klapálek, 1921. Ann. Soc. Ent. Belg. 61: 61. **Type locality:** China (Shaanxi).

Paragnetina ochrocephala: Klapálek, 1923. Coll. Zool. Selys Longchamps 4 (2): 71; Claassen, 1940. Mem. Cornell Agric. Exp. Sta. 232: 130; Illies, 1966. Das Tierreich 82: 496; Sivec, Stark *et* Uchida, 1988. Scopolia 16: 23; Du, Sivec *et* He, 1999. Acta Entomol. Sloven. 7 (1): 61.

分布（**Distribution**）：陕西（SN）

（92）皮氏纯𫌀 *Paragnetina pieli* Navás, 1933

Paragnetina pieli Navás, 1933. Not. Ent. Chinoise 1 (9): 15. **Type locality:** China (Zhejiang: Longchuan).

Paragnetina biplagiata Wu, 1935. Bull. Peking Nat. Hist. 9 (3): 230. **Type locality:** China (Guangdong: Canton, North River).

Paragnetina biplagiata: Claassen, 1940. Mem. Cornell Agric. Exp. Sta. 232: 129, 130.

Paragnetina lobata Wu, 1935. Bull. Peking Nat. Hist. 9 (3): 231. **Type locality:** China (Guangdong: Canton, North River).

Paragnetina lobata: Claassen, 1940. Mem. Cornell Agric. Exp. Sta. 232: 129-130.

Paragnetina pieli: Wu, 1938. Plecopt. Sin.: 84; Claassen, 1940. Mem. Cornell Agric. Exp. Sta. 232: 129, 130; Aubert, 1956. Mitt. Schweiz. Ent. Ges. 29: 440; Illies, 1966. Das Tierreich 82: 285; Sivec, Stark *et* Uchida, 1988. Scopolia 16: 23. Du, Sivec *et* He, 1999. Acta Entomol. Sloven. 7 (1): 61.

分布（**Distribution**）：浙江（ZJ）、广东（GD）

（93）平背纯𫌀 *Paragnetina planidorsa* (Klapálek, 1913)

Tylopyge planidorsa Klapálek, 1913. Suppl. Ent. 2: 114. **Type locality:** China (Formosa).

Tylopyge planidorsa: Claassen, 1940. Mem. Cornell Agric. Exp. Sta. 232: 152; Illies, 1966. Das Tierreich 82: 304; Zwick, 1973. Das Tierreich 94: 267.

Paragnetina planidorsa: Sivec, Stark *et* Uchida, 1988. Scopolia 16: 23; Du, Sivec *et* He, 1999. Acta Entomol. Sloven. 7 (1): 61; Sivec, Yang *et* Lee, 1997. Chin. J. Ent. 17 (3): 189.

分布（**Distribution**）：台湾（TW）

（94）盛氏纯𫌀 *Paragnetina schenklingi* Klapálek, 1921

Paragnetina schenklingi Klapálek, 1921. Ann. Soc. Ent. Belg. 61: 62. **Type locality:** Sud-China (Pingshiang).

Paragnetina schenklingi: Klapálek, 1923. Coll. Zool. Selys Longchamps 4 (2): 72; Claassen, 1940. Mem. Cornell Agric. Exp. Sta. 232: 130; Illies, 1966. Das Tierreich 82: 496; Du, Sivec *et* He, 1999. Acta Entomol. Sloven. 7 (1): 61.

分布（**Distribution**）：中国南部

8. 襟𫌀属 *Togoperla* Klapálek, 1907

Perla (*Togoperla*) Klapálek, 1907. Rozpr. Ceské. Akad. 16 (31): 19. **Type species:** *Perla limbata* Pictet, 1841.

Perla (*Togoperla*): Klapálek, 1907. Ceské. Akad. Cis. Fr. Jos. I, Bul. Internatl. 12: 258; Klapálek, 1914. Čas. Čes. Spol. Ent. 11: 58; Okamoto, 1912. Trans. Sapp. Nat. Hist. Soc. 4: 123; Needham *et* Claassen, 1925. The Thomas Say Foundation II: 286.

Togoperla: Frison, 1935. Ill. Nat. Hist. Surv. Bull. 20: 412; Claassen, 1940. Mem. Cornell Agric. Exp. Sta. 232: 150; Illies, 1966. Das Tierreich 82: 301; Zwick, 1973. Das Tierreich 94: 267; Sivec, Stark *et* Uchida, 1988. Scopolia 16: 17.

（95）中华襟𫌀 *Togoperla canilimbata* (Enderlein, 1909)

Perla canilimbata Enderlein, 1909. Stett. Entomol. Z. 70: 347. **Type locality:** Vietnam (Manson-Gebirge).

Togoperla klapaleki Banks, 1939. Bull. Mus. Comp. Zool. 85 (7): 443. **Type locality:** China (Guangdong: Yim Na San).

Togoperla sinensis Banks, 1939. Bull. Mus. Comp. Zool. 85 (7): 442. **Type locality:** China (Guangdong: Yim Na San).

Paragnetina tonkinensis Navás, 1919. Insecta 9: 187. **Type locality:** China (Beibu Gulf).

Perla canilimbata: Illies, 1966. Das Tierreich 82: 499.

Togoperla canilimbata: Stark *et* Sivec, 2008. Illiesia 4 (20): 209.

分布（**Distribution**）：贵州（GZ）、广东（GD）、广西（GX）；越南

（96）巨囊襟𫌀 *Togoperla condyla* Li *et* DeWalt, 2012

Togoperla condyla Li *et* DeWalt, 2012. Zootaxa 3564: 54. **Type locality:** China (Zhejiang: Tianmushan).

分布（**Distribution**）：浙江（ZJ）、广西（GX）

（97）佛氏襟𫌀 *Togoperla fortunati* Navás, 1926

Paragnetina fortunati Navás, 1926. Brotér. Sér. Zool. 23: 106.

Type locality: China (Guizhou: Kweiyang).
Togoperla grahami Banks, 1940. Proc. U. S. Nat. Mus. 88: 176. **Type locality:** China (Sichuan: Kuanshien, Lin Ngai Si).
Paragnetina fortunati: Wu, 1938. Plecopt. Sin.: 79; Claassen, 1940. Mem. Cornell Agric. Exp. Sta. 232: 130; Aubert, 1956. Mitt. Schweiz. Ent. Ges. 29: 439; Illies, 1966. Das Tierreich 82: 282.
Togoperla fortunati: Sivec, Stark *et* Uchida, 1988. Scopolia 16: 17; Du, Sivec *et* He, 1999. Acta Entomol. Sloven. 7 (1): 61; Stark *et* Sivec, 2008. Illiesia 4 (20): 212.
分布（**Distribution**）：四川（SC）、贵州（GZ）

（98）无色襟蟦 *Togoperla noncoloris* Du *et* Chou, 1999

Togoperla noncoloris Du *et* Chou, 1999. Entomotaxon. 21 (1): 3. **Type locality:** China (Guangxi: Jinjiu).
Togoperla noncoloris: Stark *et* Sivec, 2008. Illiesia 4 (20): 215.
分布（**Distribution**）：广西（GX）

（99）长形襟蟦 *Togoperla perpicta* Klapálek, 1921

Togoperla perpicta Klapálek, 1921. Ann. Soc. Ent. Belg. 61: 64. **Type locality:** China (Hongkong).
Togoperla bifoveolata Klapálek, 1921. Ann. Soc. Ent. Belg. 61: 64. **Type locality:** Vietnam (Montes Mauson).
Paragnetina elongata Wu *et* Claassen, 1934. Bull. Pek. Soc. Nat. Hist. 9: 116. **Type locality:** China (Fujian: Fuzhou).
Togoperla pichoni Navás, 1933. Mem. Pont. Accad. Nuovi Lincei 2: 17: 84. **Type locality:** China (Zhejiang: Hangzhou).
Togoperla pichoui: Wu, 1938. Plecopt. Sin.: 93 (misspelled name).
Togoperla perpicta: Kimmins, 1970. Bull. Br. Mus. Nat. Hist. Ent. 24 (8): 348; Sivec, Stark *et* Uchida, 1988. Scopolia 16: 17; Du, Sivec *et* He, 1999. Acta Entomol. Sloven. 7 (1): 61; Du *et* Sivec, 2004. *In*: Yang X K. 2004. Insects from Mt. Shiwandashan Area of Guangxi: 43; Stark *et* Sivec, 2008. Illiesia 4 (20): 215.
分布（**Distribution**）：浙江（ZJ）、福建（FJ）、香港（HK）；越南

（100）全黑襟蟦 *Togoperla totanigra* Du *et* Chou, 1999

Togoperla totanigra Du *et* Chou, 1999. Entomotaxon. 21 (1): 4. **Type locality:** China (Zhejiang: Mt. Tianmu).
Togoperla totanigra: Du *et* Sivec, 2004. *In*: Yang X K. 2004. Insects from Mt. Shiwandashan Area of Guangxi: 43.
分布（**Distribution**）：浙江（ZJ）、广西（GX）

（101）三角襟蟦 *Togoperla triangulata* Du *et* Chou, 1999

Togoperla triangulata Du *et* Chou, 1999. Entomotaxon. 21 (1): 4. **Type locality:** China (Guangxi: Longsheng, Huaping).
分布（**Distribution**）：广西（GX）

（102）三色襟蟦 *Togoperla tricolor* Klapálek, 1921

Togoperla tricolor Klapálek, 1921. Ann. Soc. Ent. Belg. 61: 64. **Type locality:** China (Jiangxi: Jiujiang).
Perla chekiangensis Chu, 1928. China J. 9: 194. **Type locality:** China (Zhejiang: Hangzhou, Lingyin Temple).
Togoperla valvulata Wu, 1935. Bull. Pek. Soc. Nat. Hist. 9 (3): 232. **Type locality:** China (Kiangsi: Hai-Hui).
Togoperla tricolor: Klapálek, 1923. Coll. Zool. Selys Longchamps 4 (2): 84; Wu, 1935. Cat. Ins. Sin. 1: 307; Claassen, 1940. Mem. Cornell Agric. Exp. Sta. 232: 151; Illies, 1966. Das Tierreich 82: 510; Kimmins, 1970. Bull. Br. Mus. Nat. Hist. Ent. 24 (8): 351; Sivec, Stark *et* Uchida, 1988. Scopolia 16: 17; Du, Sivec *et* He, 1999. Acta Entomol. Sloven. 7 (1): 61; Stark *et* Sivec, 2008. Illiesia 4 (20): 220.
分布（**Distribution**）：浙江（ZJ）、江西（JX）

9. 瘤蟦属 *Tyloperla* Sivec *et* Stark, 1988

Tyloperla Sivec *et* Stark, 1988. In Sivec, Stark *et* Uchida, 1988. Scopolia 16: 14. **Type species:** *Tylopyge attenuata* Wu *et* Claassen, 1934=*Tyloperla attenuata* (Wu *et* Claassen, 1934).

（103）尖突瘤蟦 *Tyloperla attenuata* (Wu *et* Claassen, 1934)

Tylopyge attenuata Wu *et* Claassen, 1934. Bull. Pek. Soc. Nat. Hist. 9: 118. **Type locality:** China (Sichuan: Lu Ding Chiao).
Tylopyge attenuata: Wu, 1938. Plecopt. Sin.: 97.
Tyloperla attenuata Sivec, 1988. In Sivec, Stark *et* Uchida. Scopolia 16: 17; Du, Sivec *et* He, 1999. Acta Entomol. Sloven. 7 (1): 61; Stark *et* Sivec, 2005. Illiesia 1 (1): 1.
分布（**Distribution**）：四川（SC）

（104）双凹瘤蟦 *Tyloperla bihypodroma* Du, 2007

Tyloperla bihypodroma Du, 2007. Entomotaxon. 29: 241. **Type locality:** China (Shaanxi: Folong).
分布（**Distribution**）：陕西（SN）

（105）台湾瘤蟦 *Tyloperla formosana* (Okamoto, 1912)

Perla formosana Okamoto, 1912. Trans. Sapp. Nat. Hist. Soc. 4: 120. **Type locality:** China (Formosa).
Kamimuria schenklingi Klapálek, 1912. Čas. Čes. Spol. Ent. 9: 97. **Type locality:** China (Formosa: Kosempo).
Kamimuria formosana: Klapálek, 1923. Coll. Zool. Selys. 4 (2): 23; Claassen, 1940. Mem. Cornell Agric. Exp. Sta. 232: 122; Illies, 1966. Das Tierreich 82: 289.
Tyloperla formosana: Sivec *et* Stark, 1988. *In*: Sivec, Stark *et* Uchida, 1988. Scopolia 16: 17; Du, Sivec *et* He, 1999. Acta Entomol. Sloven. 7 (1): 61; Stark *et* Sivec, 2005. Illiesia 1 (1): 7; Sivec, Yang *et* Lee, 1997. Chin. J. Ent. 17 (3): 189.
分布（**Distribution**）：台湾（TW）

（106）扁突瘤蟦 *Tyloperla planistyla* (Wu, 1973)

Tylopyge planistyla Wu, 1973. Acta Ent. Sin. 16 (2): 108. **Type locality:** China (Yunnan: Menglongbanna, Bansong).

Paragnetina planistyla: Zwick, 1988. Aquat. Ins. 10 (4): 201.
Tyloperla planistyla: Du, Sivec *et* He, 1999. Acta Entomol. Sloven. 7 (1): 61.
分布（**Distribution**）：云南（YN）

（107）中华瘤蜻 *Tyloperla sinensis* Yang *et* Yang, 1993

Tyloperla sinensis Yang *et* Yang, 1993. Guangxi Acad. Sci. 9 (1): 61. **Type locality:** China (Guangxi: Jinxiu).
Tyloperla sinensis: Du, Sivec *et* He, 1999. Acta Entomol. Sloven. 7 (1): 62.
分布（**Distribution**）：广西（GX）

（108）横形瘤蜻 *Tyloperla transversa* (Wu, 1962)

Tylopyge transversa Wu, 1962. Acta Ent. Sin. 11 (Suppl.): 139. **Type locality:** China (Yunnan: Pingbian).
Tylopyge transversa: Illies, 1966. Das Tierreich 82: 632; Zwick, 1973. Das Tierreich 94: 268.
Paragnetina transversa: Zwick, 1988. Aquat. Ins. 10 (4): 201.
Tyloperla transversa: Du, Sivec *et* He, 1999. Acta Entomol. Sloven. 7 (1): 62.
分布（**Distribution**）：云南（YN）

（109）邵氏瘤蜻 *Tyloperla sauteri* (Navás, 1929)

Kamimuria sauteri Navás, 1929. Bol. Soc. Entomol. Esp. 12: 75. **Type locality:** China (Taiwan: Kosempo).
Kamimuria sauteri: Aubert, 1956. Mitt. Schweiz. Ent. Ges. 29: 439; Weidner, 1962. Mitt. Hamburg. Zool. Mus. Inst. 60: 108; Illies, 1966. Das Tierreich 82: 480; Zwick, 1977. Entomol. Basil. 2: 116.
Tyloperla sauteri: Sivec, Stark *et* Uchida, 1988. Scopolia 16: 17; Du, Sivec *et* He, 1999. Acta Entomol. Sloven. 7 (1): 62; Sivec, Yang *et* Lee, 1997. Chin. J. Ent. 17 (3): 189.
分布（**Distribution**）：台湾（TW）

新蜻族 Neoperlini Stark *et* Gaufin, 1976

Neoperlini Stark *et* Gaufin, 1976. Misc. Publs. ent. Soc. Am. 10 (1): 8. **Type genus:** *Neoperla* Needham, 1905.

10. 华蜻属 *Chinoperla* Zwick, 1980

Chinoperla Zwick, 1980. Handbuch der Zoologie: eine Naturgeschichte der Stamme des Tierreiches 4 (2): 1-115. **Type species:** *Sinoperla nigroflavata* Wu, 1948.
Sinoperla Wu, 1948. Bull. Pek. Soc. Nat. Hist. 17 (1): 78. **Type species:** *Sinoperla nigroflavata* Wu, 1948.

（110）勐满华蜻 *Chinoperla mengmanensis* Qian *et* Du, 2012

Chinoperla mengmanensis Qian *et* Du, 2012. Entomotaxon. 34 (2): 117. **Type locality:** China (Yunnan: Mengla County, Mengman Town).
分布（**Distribution**）：云南（YN）

（111）黑额华蜻 *Chinoperla nigrifrons* (Banks, 1939)

Ochthopetina nigrifrons Banks, 1939. Bull. Mus. Comp. Zool. 85 (7): 449. **Type locality:** China (Hainan: Tahan).
Sinoperla furcomaculata: Wu, 1973. Acta Ent. Sin. 16 (2): 110. **Type locality:** China (Hainan: Tongshen).
Ochthopetina nigrifrons: Illies, 1966. Das Tierreich 82: 274.
Chinoperla nigrifrons Sivec, Stark *et* Uchida, 1988. Scopolia 16: 54; Sivec *et* Zwick, 1989. Aquat. Ins. 11 (1): 14; Du, Sivec *et* He, 1999. Acta Entomol. Sloven. 7 (1): 62.
Chinoperla nigrifrons: Sivec, Stark *et* Uchida, 1988. Scopolia 16: 54; Du, Sivec *et* He, 1999. Acta Entomol. Sloven. 7 (1): 62.
分布（**Distribution**）：海南（HI）

（112）黑黄华蜻 *Chinoperla nigroflavata* (Wu, 1948)

Sinoperla nigroflavata Wu, 1948. Bull. Pek. Nat. Hist. 17 (1): 78. **Type locality:** China (Fujian: Shao-wu, Ta-chu-luan).
Sinoperla nigroflavata: Illies, 1966. Das Tierreich 82: 274; Zwick, 1980. Handbuch der Zoologie: eine Naturgeschichte der Stamme des Tierreiches 4: 130.
Chinoperla nigroflavata: Zwick, 1982. Aquat. Ins. 4 (3): 167; Sivec *et* Stark, 1988. In Sivec, Stark *et* Uchida, 1988. Scopolia 16: 54; Du, Sivec *et* He, 1999. Acta Entomol. Sloven. 7 (1): 62.
分布（**Distribution**）：福建（FJ）

11. 叉突蜻属 *Furcaperla* Sivec, 1988

Furcaperla Sivec, 1988. *In*: Sivec, Stark *et* Uchida, 1988. Scopolia 16: 49. **Type species:** *Tylopyge bifurcata* Wu, 1948.

（113）江西叉突蜻 *Furcaperla jiangxiensis* Yang *et* Yang, 1991

Furcaperla jiangxiensis Yang *et* Yang, 1991. Acta Agric. Univ. Jiangxi 13 (1): 16. **Type locality:** China (Jiangxi: Guixi).
Furcaperla jiangxiensis: Du, Sivec *et* He, 1999. Acta Entomol. Sloven. 7 (1): 62.
分布（**Distribution**）：江西（JX）

（114）双突叉突蜻 *Furcaperla bifurcata* (Wu, 1948)

Tylopyge bifurcata Wu, 1948. Bull. Pek. Nat. Hist. 16: 272. **Type locality:** China (Fujian: Shao-wu).
Tylopyge bifurcata: Illies, 1966. Das Tierreich 82: 303.
Furcaperla bifurcate: Sivec *et* Stark, 1988. *In*: Sivec, Stark *et* Uchida, 1988. Scopolia 16: 50; Du, Sivec *et* He, 1999. Acta Entomol. Sloven. 7 (1): 62.
分布（**Distribution**）：福建（FJ）、广西（GX）

12. 新蜻属 *Neoperla* Needham, 1905

Neoperla Needham, 1905. Proc. Biol. Soc. Wash. 18: 108. **Type species:** *Perla occipitalis* Pictet, 1841.

Formosina Klapálek, 1913. Suppl. Ent. 2: 117. **Type species:** *Neoperla hatakeyamae* Okamoto.
Formosita Klapálek, 1914. Suppl. Entomol. 3: 118. **Type species:** *Neoperla hatakeyamae* Okamoto.
Javanita Klapálek, 1909. Wien. Ent. Ztg. 28 (7-8): 224. **Type species:** *Perla caligata* Burmeister.
Ochthopetina Enderlein, 1909. Stett. Entomol. Z. 70: 324. **Type species:** *Ochthopetina aeripennis* Enderlein.
Oodeia Klapálek, 1921. Ann. Soc. Ent. Belg. 61: 321. **Type species:** *Neoperla dolichocephala* Klapálek.
Pseudoperla Banks, 1892. Trans. Amer. Ent. Soc. 19 (4): 327-374. **Type species:** *Perla occipitalis* Pictet, 1841.
Simpliperla Wu, 1962. Acta Ent. Sin. 11 (Suppl.): 140. **Type species:** *Simpliperla obscurofulva* Wu, 1962.
Tropidogynoplax Enderlein. 1910. Stett. Entomol. Z. 71: 140-143. **Type species:** *Tropidogynoplax fuscipes* Enderlein (= *Neoperla aeripennis*).
Clymene group.

（115）安吉新蜻 *Neoperla anjiensis* Yang *et* Yang, 1998

Neoperla anjiensis Yang *et* Yang, 1998. In Wu H (ed). Insects of Longwangshan. p. 43. **Type locality:** China (Zhejiang: Longwangshan).
Neoperla yangae Du, 2001. *In*: Wu *et* Pan. Insects of Tianmushan National Nature Reserve: 77. **Type locality:** China (Zhejiang: Lin an, Tianmu Mountain).
Neoperla anjiensis: Li, Wang *et* Lu, 2011. Zootaxa 2735: 57; Li, Liang *et* Li, 2013. Zootaxa 3652 (3): 354.
分布（**Distribution**）：浙江（ZJ）

（116）宝天曼新蜻 *Neoperla baotianmana* Li *et* Wang, 2012

Neoperla baotianmana Li *et* Wang, 2012. Entomol. News. 122: 3. **Type locality:** China (Henan: Neixiang, Baotianman).
Neoperla baotianmana: Li, Li, Feng *et* Wang, 2014. Zootaxa 3838: 174.
分布（**Distribution**）：河南（HEN）

（117）短囊新蜻 *Neoperla breviscrotata* Du, 1999

Neoperla breviscrotata Du, 1999. In Huang B (ed): Fauna of insects in Fujian Province of China. 3: 312. **Type locality:** China (Guizhou: Sandu).
Neoperla breviscrotata: Du *et* Sivec, 2005. *In*: Yang X K, 2005: Insect Fauna of Middle-west Qinling Range and South Mountains of Gansu Province: 47; Li, Wang *et* Lu, 2011. Zootaxa 2735: 57; Qin, Murányi, Wang *et* Li, 2013. ZooKeys 326: 2.
分布（**Distribution**）：山东（SD）、陕西（SN）、安徽（AH）、贵州（GZ）、福建（FJ）

（118）短突新蜻 *Neoperla brevistyla* Li *et* Murányi, 2013

Neoperla brevistyla Li *et* Murányi, 2013. In Qin, Murányi, Wang *et* Li, 2013. ZooKeys 326: 3. **Type locality:** China (Fujian: Mt. Wuyishan, Sangang).
分布（**Distribution**）：福建（FJ）

（119）卡氏新蜻 *Neoperla cavaleriei* (Navás, 1922)

Ochthopetina cavaleriei Navás, 1922. Brotér. Sér. Zool. 20: 49; Wu, 1938. Plecopt. Sin.: 124. **Type locality:** China (Houy-Tche'ou: Pin-Fa).
Neoperla kachin Stark *et* Szczytko, 1979. Aquat. Ins. 1 (4): 221.
Ochthopetina cavaleriei: Yang *et* Yang, 1991. Guizhou Sci. 8 (4): 2.
Ochthopetina cavalerieri: Illies, 1966. Das Tierreich 82: 494 (species inquirenda). (misspelled name).
Neoperla cavalerieri: Li, Wang *et* Lu, 2012. Zootaxa 3478: 36. (misspelled name).
Neoperla cavaleriei: Wu, 1935. Cat. Ins. Sin. 1: 308; Du, Sivec *et* He, 1999. Acta Entomol. Sloven. 7: 62; Du *et* Sivec, 2004. *In*: Yang X K. 2004. Insects from Mt. Shiwandashan Area of Guangxi: 41; Stark *et* Sivec, 2008. Illiesia 4 (3): 20; Sivec *et* Zwick, 1987. Beitr. Entomol. 37: 394; Sivec, Yang *et* Lee, 1997. Chin. J. Ent. 17 (3): 190; Li, Murányi *et* Wang, 2014. Zootaxa 3753 (1): 6; Li, Li, Feng *et* Wang, 2014. Zootaxa 3838: 177.
分布（**Distribution**）：河南（HEN）、湖北（HB）、贵州（GZ）、云南（YN）、台湾（TW）、广东（GD）、广西（GX）；越南、泰国、缅甸

（120）硬管新蜻 *Neoperla duratubulata* Du, 1999

Neoperla duratubulata Du,_1999. In Huang B (ed.): Fauna of Insects in Fujian Province of China. 3: 313. **Type locality:** China (Fujian: Mt. Wuyi, Sangang).
Neoperla duratubulata: Li, Wang *et* Lu, 2011. Zootaxa 2735: 57; Qin, Murányi, Wang *et* Li, 2013. ZooKeys 326: 5.
分布（**Distribution**）：福建（FJ）

（121）蓬莱新蜻 *Neoperla formosana* Okamoto, 1912

Neoperla formosana Okamoto, 1912. Trans. Sapp. Nat. Hist. Soc. 4: 134. **Type locality:** China (Taiwan: Koshun).
Neoperla formosana: Navás, 1927. Ent. Mitt. 16: 40; Claassen, 1940. Mem. Cornell Agric. Exp. Sta. 232: 160; Illies, 1966. Das Tierreich 82: 270; Sivec *et* Zwick, 1987. Beitr. Ent. 37 (2): 393; Uchida, 1987. Aquat. Ins. 9 (3): 159; Du, Sivec *et* He, 1999. Acta Entomol. Sloven. 7 (1): 62; Sivec, Yang *et* Lee, 1997. Chin. J. Ent. 17 (3): 190.
分布（**Distribution**）：台湾（TW）

（122）香港新蜻 *Neoperla foveolata* Klapálek, 1921

Neoperla foveolata Klapálek, 1921. Ann. Soc. Ent. Belg. 61: 321. **Type locality:** China (Hongkong).
Neoperla foveolata: Wu, 1938. Plecopt. Sin.: 111; Claassen, 1940. Mem. Cornell Agric. Exp. Sta. 232: 160; Illies, 1966. Das Tierreich 82: 271; Kimmins, 1970. Bull. Br. Mus. Nat.

Hist. Ent. 24 (8): 342; Du, Sivec *et* He, 1999. Acta Entomol. Sloven. 7 (1): 62.

分布（Distribution）：香港（HK）

（123）湖北新蜻 *Neoperla hubeiensis* Li *et* Wang, 2012

Neoperla hubeiensis Li *et* Wang, 2012. In Li, Wang *et* Lu. Zootaxa 3478: 32. **Type locality:** China (Hubei: Jingshan, Lulin, Tianmenguan village).

分布（Distribution）：湖北（HB）

（124）赛氏新蜻 *Neoperla ignacsiveci* Li *et* Li, 2013

Neoperla ignacsiveci Li *et* Li, 2013. Illiesia 9 (9): 109. **Type locality:** China (Taiwan: Pingdong, Mudan, Shimen Village).

Neoperla siveci Li *et* Li, 2013. Acta Zootaxon. Sin. 38: 75. **Type locality:** China (Taiwan: Pingdong, Mudan, Shimen Village). Preoccupied by *N. siveci* Zwick, 1980 in Zwick *et* Sivec, 1980. Entomol. Basil. 5: 125.

分布（Distribution）：台湾（TW）

（125）烟褐新蜻 *Neoperla infuscata* Wu, 1935

Neoperla infuscata Wu, 1935. Bull. Peking Nat. Hist. 9 (3): 233. **Type locality:** China (Guangdong: Canton).

Neoperla infuscata: Wu, 1938. Plecopt. Sin.: 111; Claassen, 1940. Mem. Cornell Agric. Exp. Sta. 232: 162; Wu, 1940. Bull. Peking Nat. Hist. 14: 332; Illies, 1966. Das Tierreich 82: 272; Du, Sivec *et* He, 1999. Acta Entomol. Sloven. 7 (1): 62.

分布（Distribution）：四川（SC）、广东（GD）

（126）李氏新蜻 *Neoperla lii* Du, 1999

Neoperla lii Du, 1999. Du, 1999. In Huang, B. (ed): Fauna of insects in Fujian Province of China. 3: 335. **Type locality:** China (Fujian: Mt. Wuyi, Sangang).

Neoperla lii: Li, Wang *et* Lu, 2011. Zootaxa 2735: 57; Qin, Murányi, Wang *et* Li, 2013. ZooKeys 326: 6.

分布（Distribution）：福建（FJ）

（127）路氏新蜻 *Neoperla lui* Du, 2004

Neoperla lui Du, 2004. In Du *et* Sivec, 2004. *In*: Yang X K 2004. Insects from Mt. Shiwandashan Area of Guangxi: 42. **Type locality:** China (Yunnan: Menglun).

Neoperla lui: Li, Wang *et* Lu, 2011. Zootaxa 2735: 57; Li, Murányi *et* Wang, 2014. Zootaxa 3753 (1): 6.

分布（Distribution）：云南（YN）、广西（GX）

（128）小瘤新蜻 *Neoperla microtumida* Wu *et* Claassen, 1934

Neoperla microtumida Wu *et* Claassen, 1934. Bull. Pek. Nat. Hist. 9: 123. **Type locality:** China (Sichuan: between Kiating and Yachow).

Neoperla microtumida: Wu, 1938. Plecopt. Sin.: 115; Claassen, 1940. Mem. Cornell Agric. Exp. Sta. 232: 163; Illies, 1966. Das Tierreich 82: 273; Stark, 1987. Aquat. Ins. 9 (1): 45; Du, Sivec *et* He, 1999. Acta Entomol. Sloven. 7 (1): 62.

分布（Distribution）：四川（SC）

（129）小形新蜻 *Neoperla minor* Chu, 1929

Neoperla minor Chu, 1929. China J. 10: 90. **Type locality:** China (Zhejiang: Hangzhou, Yuan Sie).

Neoperla minor: Wu, 1938. Plecopt. Sin.: 116; Claassen, 1940. Mem. Cornell Agric. Exp. Sta. 232: 163; Banks, 1940. Proc. U. S. Nat. Mus. 88: 178; Illies, 1966. Das Tierreich 82: 274; Du, Sivec *et* He, 1999. Acta Entomol. Sloven. 7 (1): 62; Li, Liang *et* Li, 2013. Zootaxa 3652 (3): 359.

分布（Distribution）：浙江（ZJ）

（130）邵氏新蜻 *Neoperla sauteri* Klapálek, 1912

Neoperla sauteri Klapálek, 1912. Ent. Mitt. 1: 344. **Type locality:** China (Formosa).

Neoperla sauteri: Navás, 1927. Ent. Mitt. 16: 40; Claassen, 1940. Mem. Cornell Agric. Exp. Sta. 232: 160; Illies, 1966. Das Tierreich 82: 270; Sivec *et* Zwick, 1987. Beitr. Ent. 37 (2): 393; Du, Sivec *et* He, 1999. Acta Entomol. Sloven. 7 (1): 62.

分布（Distribution）：台湾（TW）

（131）单色新蜻 *Neoperla uniformis* Banks, 1937

Neoperla uniformis Banks, 1937. Philipp. J. Sci. 62: 272. **Type locality:** China (Formosa: Taichung, Pahsienshan).

Neoperla uniformis: Illies, 1966. Das Tierreich 82: 492; Sivec *et* Zwick, 1987. Beitr. Ent. 37 (2): 396; Du, Sivec *et* He, 1999. Acta Entomol. Sloven. 7 (1): 62; Sivec, Yang *et* Lee, 1997. Chin. J. Ent. 17 (3): 190.

分布（Distribution）：台湾（TW）

Montivaga group.

（132）白沙新蜻 *Neoperla baisha* Kong *et* Li, 2014

Neoperla baisha Kong *et* Li, 2014. In Kong, Lv *et* Li, 2014. Zootaxa 3841 (3): 429. **Type locality:** China (Hainan: Baisha County, Yinggeling).

分布（Distribution）：海南（HI）

（133）白江水新蜻 *Neoperla baishuijiangensis* Du, 2005

Neoperla baishuijiangensis Du, 2005. In Du *et* Sivec, Plecoptera. *In*: Yang X K, 2005. Insect Fauna of Middle-west Qinling Range and South Mountains of Gansu Province: 46. **Type locality:** China (Gansu: Wenxian County, Shangdan in Baishuijiang National Nature Reserve).

Neoperla baishuijiangensis: Li, Wang *et* Lu, 2011. Zootaxa 2735: 57.

分布（Distribution）：甘肃（GS）

（134）庞氏新蜻 *Neoperla banksi* (Illies, 1966)

Oodeia klapaleki Banks, 1939. Bull. Mus. Comp. Zool. 85 (7): 449. **Type locality:** China (Guangdong: Yim Na San) (not *Neoperla klapaleki* Banks, 1937).

Neoperla banksi: Illies, 1966. Das Tierreich 82: 495 (replacement name for *klapaleki* Banks, 1939).
Neoperla banksi: Zwick, 1988. Entomol. Scand. 18 (4): 403; Du, Sivec *et* He, 1999. Acta Entomol. Sloven. 7 (1): 62.
分布（**Distribution**）：广东（GD）

（135）二角新蜻 *Neoperla bicornua* Wu, 1973

Neoperla bicornua Wu, 1973. Acta Ent. Sin. 16 (2): 109. **Type locality:** China (Sichuan: Emeishan, Baoguosi Temple).
Neoperla bicornua: Du, Sivec *et* He, 1999. Acta Entomol. Sloven. 7 (1): 62.
分布（**Distribution**）：四川（SC）

（136）双锥新蜻 *Neoperla bicornuta* Yang *et* Yang, 1995

Neoperla bicornuta Yang *et* Yang, 1995. Acta Agric. Univ. Pekin. 21 (2): 224. **Type locality:** China (Hainan: Jianfengling).
Neoperla bicornuta: Du, Sivec *et* He, 1999. Acta Entomol. Sloven. 7 (1): 62.
分布（**Distribution**）：海南（HI）

（137）双曲新蜻 *Neoperla bicurvata* Kong *et* Li, 2014

Neoperla bicurvata Kong *et* Li, 2014. In Kong, Lv *et* Li, 2014. Zootaxa 3841 (3): 432. **Type locality:** China (Hainan: Changjiang, Mount. Bawangling National Nature Reserve).
分布（**Distribution**）：海南（HI）

（138）二条新蜻 *Neoperla bilineata* Wu *et* Claassen, 1934

Neoperla bilineata Wu *et* Claassen, 1934. Bull. Pek. Nat. Hist. 9: 120. **Type locality:** China (Sichuan: Suifu).
Neoperla bilineata: Wu, 1938. Plecopt. Sin.: 107; Claassen, 1940. Mem. Cornell Agric. Exp. Sta. 232: 158; Wu, 1948. Bull. Pek. Nat. Hist. 17: 75; Illies, 1966. Das Tierreich 82: 268; Zwick, 1973. Das Tierreich 94: 258; Du, Sivec *et* He, 1999. Acta Entomol. Sloven. 7 (1): 62.
分布（**Distribution**）：四川（SC）

（139）双突新蜻 *Neoperla biprojecta* Du, 2001

Neoperla biprojecta Du, 2001. *In*: Wu *et* Pan, 2001. Insects of Tianmushan National Nature Reserve: 79. **Type locality:** China (Zhejiang: Lin'an, Tianmu Mountain).
Neoperla biprojecta: Li, Wang *et* Lu, 2011. Zootaxa 2735: 57; Li, Liang *et* Li, 2013. Zootaxa 3652 (3): 354.
分布（**Distribution**）：浙江（ZJ）

（140）双瘤新蜻 *Neoperla bituberculata* Du, 2000

Neoperla bituberculata Du, 2000. Entomotaxon. 22: 1. **Type locality:** China (Guizhou: Libo County, Maolan National Nature Reserve, Sanchahe).
Neoperla bituberculata: Li, Wang *et* Lu, 2011. Zootaxa 2735: 57.
分布（**Distribution**）：贵州（GZ）

（141）朱氏新蜻 *Neoperla chui* Wu *et* Claassen, 1934

Neoperla chui Wu *et* Claassen, 1934. Bull. Pek. Nat. Hist. 9: 122. **Type locality:** China (Sichuan: Suifu).
Neoperla chui: Wu, 1938. Plecopt. Sin.: 108; Claassen, 1940. Mem. Cornell Agric. Exp. Sta. 232: 158; Illies, 1966. Das Tierreich 82: 269; Du, Sivec *et* He, 1999. Acta Entomol. Sloven. 7 (1): 62.
分布（**Distribution**）：四川（SC）

（142）缘脉新蜻 *Neoperla costalis* (Klapálek, 1913)

Formosina costalis Klapálek, 1913. Suppl. Ent. 2: 117. **Type locality:** China (Formosa: Kaohsiung, Chiahsien).
Neoperla costalis: Sivec *et* Zwick, 1987. Beitr. Entomol. 37 (2): 401; Du, Sivec *et* He, 1999. Acta Entomol. Sloven. 7 (1): 62; Sivec, Yang *et* Lee, 1997. Chin. J. Ent. 17 (3): 190.
分布（**Distribution**）：台湾（TW）

（143）弯刺新蜻 *Neoperla curvispina* Wu, 1948

Neoperla curvispina Wu, 1948. Bull. Pek. Nat. Hist. 17: 75. **Type locality:** China (Kwangsi: Yaoshan).
Neoperla curvispina: Illies, 1966. Das Tierreich 82: 270; Du, Sivec *et* He, 1999. Acta Entomol. Sloven. 7 (1): 62.
分布（**Distribution**）：广西（GX）

（144）大沙河新蜻 *Neoperla dashahena* Du, 2005

Neoperla dashahena Du, 2005. *In*: Du *et* Wang, 2005. Plecoptera: Leuctridae, Nemouridae, Perlidae and Peltoperlidae. *In*: Yang *et* Jin. 2005. Insects from Dashahe Nature Reserve of Guizhou: 54. **Type locality:** China (Guizhou: Daozhen County, Dashahe).
分布（**Distribution**）：贵州（GZ）

（145）脊刺新蜻 *Neoperla dorsispina* Yang *et* Yang, 1996

Neoperla dorsispina Yang *et* Yang, 1996. J. China Agric. Univ. 1 (5): 116. **Type locality:** China (Inner Mongolia: Xing'an League).
Neoperla dorsispina: Du, Sivec *et* He, 1999. Acta Entomol. Sloven. 7 (1): 62.
分布（**Distribution**）：内蒙古（NM）

（146）梵净山新蜻 *Neoperla fanjingshana* Yang *et* Yang, 1992

Neoperla fanjingshana Yang *et* Yang, 1992. In Huang FS. (ed.), Insects of Wuling Mountains Area, Southwestern China. p. 63. **Type locality:** China (Guizhou: Fanjing Mountain).
Neoperla fanjingshana: Du, Sivec *et* He, 1999. Acta Entomol. Sloven. 7 (1): 62.
分布（**Distribution**）：贵州（GZ）

（147）鞭突新蜻 *Neoperla flagellata* Li *et* Murányi, 2012

Neoperla flagellata Li *et* Murányi, 2012. In Li, Wang, Li *et*

Murányi, 2012. Zootaxa 3597: 15. **Type locality:** China (Guangdong: Yingde County, Shimentai).
Neoperla flagellata: Li, Liang *et* Li, 2013. Zootaxa 3652 (3): 354; Li, Li *et* Wang, 2014. J. Henan Institute Sci. Tech. 42 (4): 35.
分布（Distribution）：河南（HEN）、广东（GD）

（148）浅褐新蜻 *Neoperla flavescens* Chu, 1929

Neoperla flavescens Chu, 1929. China J. 10: 89. **Type locality:** China (Zhejiang: Hangzhou, Tei-tsok).
Neoperla flavescens: Wu, 1938. Plecopt. Sin.: 109; Claassen, 1940. Mem. Cornell Agric. Exp. Sta. 232: 160; Illies, 1966. Das Tierreich 82: 270; Du, 1999. Plecoptera. Du, 1999. In Huang, B. (ed.), Fauna of Insects in Fujian Province of China. Vol. 3: 313; Du, Sivec *et* He, 1999. Acta Entomol. Sloven. 7 (1): 62; Li, Wang *et* Lu. 2011. Zootaxa 2735: 57; Li, Liang *et* Li, 2013. Zootaxa 3652 (3): 358; Li, Li, Feng *et* Wang, 2014. Zootaxa 3838: 177; Li, Li *et* Wang, 2014. J. Henan Institute Sci. Tech. 42 (2): 28.
分布（Distribution）：山西（SX）、河南（HEN）、浙江（ZJ）、福建（FJ）

（149）曲囊新蜻 *Neoperla flexiscrotata* Du, 2000

Neoperla flexiscrotata Du, 2000. Entomotaxon. 22: 2. **Type locality:** China (Guizhou: Libo County, Xiaoqikong).
Neoperla flexicrotata: Li, Wang *et* Lu, 2011. Zootaxa 2735: 57.
分布（Distribution）：贵州（GZ）

（150）钳突新蜻 *Neoperla forcipata* Yang *et* Yang, 1992

Neoperla forcipata Yang *et* Yang, 1992. In Huang, F.S. (ed.), Insects of Wuling Mountains Area, Southwestern China: 62. **Type locality:** China (Hunan: Sangzhi, Tianpingshan Mountain).
Neoperla forcipata: Du, Sivec *et* He, 1999. Acta Entomol. Sloven. 7 (1): 62; Wang, Wang *et* Li, 2013. ZooKeys 313: 87; Li, Li, Feng *et* Wang, 2014. Zootaxa 3838: 177.
分布（Distribution）：河南（HEN）、湖南（HN）

（151）叉斑新蜻 *Neoperla furcomaculata* Kong *et* Li, 2014

Neoperla furcomaculata Kong *et* Li, 2014. In Kong, Lv *et* Li, 2014. Zootaxa 3841 (3): 433. **Type locality:** China (Hainan).
分布（Distribution）：海南（HI）

（152）叉突新蜻 *Neoperla furcostyla* Li *et* Qin, 2013

Neoperla furcostyla Li *et* Qin, 2013. In Li, Wang *et* Qin, 2013. ZooKeys 290: 22. **Type locality:** China (Guangxi: Nanning City, Wuming County, Mt. Damingshan).
Neoperla furcostyla: Wang, Wang *et* Li, 2013. ZooKeys 313: 87.
分布（Distribution）：广西（GX）

（153）广西新蜻 *Neoperla guangxiensis* Du *et* Sivec, 2004

Neoperla guangxiensis Du *et* Sivec, 2004. *In*: Yang X K 2004. Insects from Mt. Shiwandashan Area of Guangxi: 41. **Type locality:** China (Guangxi: Fangcheng County, Fulong).
Neoperla guangxiensis: Li, Wang *et* Lu, 2011. Zootaxa 2735: 57.
分布（Distribution）：广西（GX）

（154）贵州新蜻 *Neoperla guizhouensis* Yang *et* Yang, 1991

Neoperla guizhouensis Yang *et* Yang, 1991. Guizhou Sci. 9 (1): 49. **Type locality:** China (Guizhou: Fanjingshan Mountain).
Neoperla guizhouensis: Du, Sivec *et* He, 1999. Acta Entomol. Sloven. 7 (1): 62.
分布（Distribution）：贵州（GZ）

（155）海南新蜻 *Neoperla hainanensis* Yang *et* Yang, 1995

Neoperla hainanensis Yang *et* Yang, 1995. Acta Agric. Univ. Pekin. 21 (2): 224. **Type locality:** China (Hainan: Jianfengling).
Neoperla hainanensis: Du, Sivec *et* He, 1999. Acta Entomol. Sloven. 7 (1): 62.
分布（Distribution）：海南（HI）

（156）短叉新蜻 *Neoperla han* Stark, 1987

Neoperla han Stark, 1987. Aquat. Ins. 9 (1): 48. **Type locality:** China (Hong Kong: Taipokau).
Neoperla han: Du, Sivec *et* He, 1999. Acta Entomol. Sloven. 7 (1): 62; Wang *et al.*, 2013. ZooKeys 313: 87.
分布（Distribution）：广西（GX）、香港（HK）

（157）河南新蜻 *Neoperla henana* Li, Wu *et* Zhang, 2011

Neoperla henana Li, Wu *et* Zhang, 2011. Acta Zootaxon. Sin. 36 (1): 33. **Type locality:** China (Henan: Nanyang, Xixia, Laojieling).
Neoperla henana: Qin, Murányi, Wang *et* Li, 2013. ZooKeys 326: 6; Li, Li, Feng *et* Wang, 2014. Zootaxa 3838: 178.
分布（Distribution）：河南（HEN）、福建（FJ）

（158）鸡公山新蜻 *Neoperla jigongshana* Li *et* Li, 2014

Neoperla jigongshana Li *et* Li, 2014. In Li, Li, Feng *et* Wang, 2014. Zootaxa 3838 (2): 178. **Type locality:** China (Henan: Xinyang City, Mt. Jigongshan).
分布（Distribution）：河南（HEN）

（159）克氏新蜻 *Neoperla klapaleki* Banks, 1937

Neoperla klapaleki Banks, 1937. Philipp. J. Sci. 62: 273. **Type locality:** China (Taiwan: Nantou, Nanshantsu).
Neoperla klapaleki: Illies, 1966. Das Tierreich 82: 486; Sivec,

1984. Scopolia 7: 1-44; Sivec *et* Zwick, 1987. Beitr. Ent. 37 (2): 400; Du, Sivec *et* He, 1999. Acta Entomol. Sloven. 7 (1): 62; Sivec, Yang *et* Lee, 1997. Chin. J. Ent. 17 (3): 190.

分布（**Distribution**）：台湾（TW）

（160）大斑新蜻 *Neoperla latamaculata* Du, 2005

Neoperla latamaculata Du, 2005. In Du *et* Sivec, Plecoptera. *In*: Yang X K, 2005. Insect Fauna of Middle-west Qinling Range and South Mountains of Gansu Province: 48. **Type locality:** China (Shaanxi: Nigshaan County, Pinglianghe).

分布（**Distribution**）：陕西（SN）、湖北（HB）

（161）侧刺新蜻 *Neoperla latispina* Wang *et* Li, 2013

Neoperla latispina Wang *et* Li, 2013. *In*: Wang, Li *et* Yang, 2013. ZooKeys 351: 38. **Type locality:** China (Guangxi: Fangcheng, Jinhuacha Nature Reserve).

分布（**Distribution**）：广西（GX）

（162）雷公山新蜻 *Neoperla leigongshana* Du *et* Wang, 2007

Neoperla leigongshana Du *et* Wang, 2007. *In*: Li, Yang *et* Jin. 2007. Insects from Mountain Leigongshan Landscape of Guizhou: 87. **Type locality:** China (Guizhou: Leigong Mountain, Lianhuaping).

Neoperla leigongshana: Li, Wang *et* Lu, 2011. Zootaxa 2735: 57.

分布（**Distribution**）：贵州（GZ）

（163）王氏新蜻 *Neoperla lihuae* Li *et* Murányi, 2014

Neoperla lihuae Li *et* Murányi, 2014. In Li, Murányi *et* Wang, 2014. Zootaxa 3753 (1): 2. **Type locality:** China (Yunnan: Xishuangbanna, Menglun, 55 village).

分布（**Distribution**）：云南（YN）

（164）有边新蜻 *Neoperla limbatella* Navás, 1933

Neoperla limbatella Navás, 1933. Notes Ent. Chinoise 1 (9): 16. **Type locality:** China (Zhejiang: Chusan).

Neoperla trilobata Wu, 1935. Bull. Peking Nat. Hist. 9 (3): 235. **Type locality:** China (Kiangsi: Ching-te-chen).

Neoperla trilobata: Wu, 1938. Plecopt. Sin.: 121; Claassen, 1940. Mem. Cornell Agric. Exp. Sta. 232: 167; Illies, 1966. Das Tierreich 82: 279; Du, Sivec *et* He, 1999. Acta Entomol. Sloven. 7 (1): 63.

Ochthopetina multidentata Wu, 1962. Acta Ent. Sin. 11 (Suppl.): 148. **Type locality:** China (Yunnan).

Ochthopetina multidentata: Illies, 1966. Das Tierreich 82: 632; Du, Sivec *et* He, 1999. Acta Entomol. Sloven. 7 (1): 63.

Neoperla multidentata: Zwick, 1973. Das Tierreich 94: 259.

Ochthopetina limbatella Wu, 1938. Plecopt. Sin.: 125; Claassen, 1940. Mem. Cornell Agric. Exp. Sta. 232: 168; Wu, 1948. Bull. Pek. Nat. Hist. 17: 77; Illies, 1966. Das Tierreich 82: 272; Zwick, 1973. Das Tierreich 94: 259.

Neoperla limbatella: Aubert. Mitt. Schweiz. Ent. Ges. 29: 441; Wu, 1962. Acta Ent. Sin. 11 (Suppl.): 148. Du, Sivec *et* He, 1999. Acta Entomol. Sloven. 7 (1): 62; Li, Murányi *et* Wang, 2014. Zootaxa 3753 (1): 6.

分布（**Distribution**）：山东（SD）、浙江（ZJ）、江西（JX）、湖南（HN）、湖北（HB）、四川（SC）、云南（YN）、福建（FJ）、广东（GD）、广西（GX）

（165）长刺新蜻 *Neoperla longispina* Wu, 1938

Neoperla longispina Wu, 1938. Plecopt. Sin.: 112. **Type locality:** China (Hainan: Yuanmentung).

Neoperla longispina: Claassen, 1940. Mem. Cornell Agric. Exp. Sta. 232: 163; Illies, 1966. Das Tierreich 82: 273; Du, Sivec *et* He, 1999. Acta Entomol. Sloven. 7 (1): 62.

分布（**Distribution**）：海南（HI）

（166）龙王山新蜻 *Neoperla longwangshana* Yang *et* Yang, 1998

Neoperla longwangshana Yang *et* Yang, 1998. In Wu H (ed). Insects of Longwangshan. p. 43. **Type locality:** China (Zhejiang: Longwangshan).

Neoperla longwangshana: Li, Liang *et* Li, 2013. Zootaxa 3652 (3): 354.

分布（**Distribution**）：浙江（ZJ）

（167）庐山新蜻 *Neoperla lushana* Wu, 1935

Neoperla lushana Wu, 1935. Bull. Peking Nat. Hist. 9 (3): 233. **Type locality:** China (Kiangsi: Lushan).

Neoperla lushana: Wu, 1938. Plecopt. Sin.: 113; Claassen, 1940. Mem. Cornell Agric. Exp. Sta. 232: 163; Wu, 1948. Bull. Pek. Nat. Hist. 17: 76; Illies, 1966. Das Tierreich 82: 273. Zwick. *et* Sivec, 1980. Entomol. Basil. 5: 118; Du, Sivec *et* He, 1999. Acta Entomol. Sloven. 7 (1): 62.

分布（**Distribution**）：江西（JX）；印度、尼泊尔

（168）师周新蜻 *Neoperla magisterchoui* Du, 2000

Neoperla magisterchoui Du, 2000. In Zhang, Y. Systematic and faunistic research on Chinese insects. Proceedings of the 5th National Congress of Insect Taxonomy. 1. **Type locality:** China (Shaanxi: Ningshan County, Xunyangba).

Neoperla magisterchoui: Li, Wang *et* Lu, 2011. Zootaxa 2735: 57; Li, Li, Feng *et* Wang, 2014. Zootaxa 3838: 178.

分布（**Distribution**）：河南（HEN）、陕西（SN）

（169）茂兰新蜻 *Neoperla maolanensis* Yang *et* Yang, 1993

Neoperla maolanensis Yang *et* Yang, 1993. Entomotaxon. 15 (4): 235. **Type locality:** China (Guizhou: Maolan).

Neoperla maolanensis: Du, Sivec *et* He, 1999. Acta Entomol. Sloven. 7 (1): 62; Du *et* Sivec, 2005. *In*: Yang X K, 2005. Insect Fauna of Middle-west Qinling Range and South Mountains of Gansu Province: 49.

分布（**Distribution**）：陕西（SN）、贵州（GZ）

（170）中刺新𫌀 *Neoperla mesospina* Li *et* Wang, 2013

Neoperla mesospina Li *et* Wang, 2013. *In*: Wang, Li *et* Yang, 2013. ZooKeys 351: 41. **Type locality:** China (Guangxi: Fangcheng, Jinhuacha Nature Reserve).

分布（Distribution）：广西（GX）

（171）中突新𫌀 *Neoperla mesostyla* Li *et* Wang, 2013

Neoperla mesostyla Li *et* Wang, 2013. *In*: Wang, Wang *et* Li, 2013. ZooKeys 313: 84. **Type locality:** China (Guangxi: Mt. Jiuwanshan, Jiuren Station next to Rongjiang River).

分布（Distribution）：广西（GX）

（172）球突新𫌀 *Neoperla mnong* Stark, 1987

Neoperla mnong Stark, 1987. Aquat. Ins. 9 (1): 48. **Type locality:** Vietnam (Di Linh).

Neoperla angustilobata Zwick, 1988. Entomol. Scand. 18 (4): 404. **Type locality:** China (Beibu Gulf).

Neoperla angustilobata: Du, Sivec *et* He, 1999. Acta Entomol. Sloven. 7 (1): 62.

Javanita costalis Navás, 1932. Mem. Pont. Acad. Nuovi Lincei 2. 16: 925.

Javanita costalis: Illies, 1966. Das Tierreich 82: 477; Zwick, 1988. Entomol. Scand. 18 (4): 404.

Neoperla mnong: Du, 1998. J. Zhejiang. Agric. Univ. 24 (4): 393; Du, Sivec *et* He, 1999. Acta Entomol. Sloven. 7 (1): 62; Stark *et* Sivec, 2008. Illiesia 4 (3): 33; Li, Wang, Li *et* Murányi, 2012. Zootaxa 3597: 22; Wang, Wang *et* Li, 2013. ZooKeys 313: 87.

分布（Distribution）：广东（GD）、广西（GX）；越南

（173）黑缘新𫌀 *Neoperla nigromarginata* Li *et* Zhang, 2014

Neoperla jigongshana Li *et* Zhang, 2014. ZooKeys 438: 46. **Type locality:** China (Henan: Xinyang City, Xin County, Liankangshan National Nature Reserve, Laomiao Protection station).

分布（Distribution）：河南（HEN）

（174）显著新𫌀 *Neoperla perspicillata* Zwick, 1980

Neoperla perspicillata Zwick, 1980. *In*: Zwick *et* Sivec, Entomol. Basil. 5: 120. **Type locality:** India.

Neoperla perpicillata: Du 1998. J. Zhejiang Agric. Univ. 24 (4): 393 (misspelled name).

Neoperla perspicillata: Du 1998. J. Zhejiang Agric. Univ. 24: 393; Du, Sivec *et* He, 1999. Acta Entomol. Sloven. 7 (1): 62.

分布（Distribution）：西藏（XZ）；印度

（175）秦岭新𫌀 *Neoperla qinlingensis* Du, 2005

Neoperla qinlingensis Du, 2005. In Du *et* Sivec, Plecoptera. *In*: Yang X K, 2005. Insect Fauna of Middle-west Qinling Range and South Mountains of Gansu Province: 49. **Type locality:** China (Shaanxi: Qinling railway station).

Neoperla qinlingensis: Li, Wang *et* Lu, 2011. Zootaxa 2735: 57.

分布（Distribution）：陕西（SN）

（176）方形新𫌀 *Neoperla quadrata* Wu *et* Claassen, 1934

Neoperla quadrata Wu *et* Claassen, 1934. Bull. Pek. Nat. Hist. 9: 124. **Type locality:** China (Sichuan: Tatsienlu).

Neoperla quadrata: Wu, 1938. Plecopt. Sin.: 117; Claassen, 1940. Mem. Cornell Agric. Exp. Sta. 232: 165; Kimmins, 1950. Ann. Mag. Nat. Hist. 3: 195; Illies, 1966. Das Tierreich 82: 276; Zwick, 1973. Frag. Faun. 19 (8): 153; Yoon *et* Aw, 1985. Entomol. Res. Bull. 11: 125; Du, Sivec *et* He, 1999. Acta Entomol. Sloven. 7 (1): 63; Du *et* Sivec, 2005. *In*: Yang X K, 2005. Insect Fauna of Middle-west Qinling Range and South Mountains of Gansu Province: 50.

分布（Distribution）：陕西（SN）、四川（SC）；？印度、？朝鲜半岛

（177）庆元新𫌀 *Neoperla qingyuanensis* Yang *et* Yang, 1995

Neoperla qingyuanensis Yang *et* Yang, 1995. *In*: Wu. Insects of Baishanzu Mountain, eastern China: 60. **Type locality:** China (Zhejiang: Mt. Baishanzu).

Neoperla qingyuanensis: Du, Sivec *et* He, 1999. Acta Entomol. Sloven. 7 (1): 63; Li, Liang *et* Li, 2013. Zootaxa 3652 (3): 360; Qin, Murányi, Wang *et* Li, 2013. ZooKeys 326: 6.

分布（Distribution）：浙江（ZJ）、福建（FJ）

（178）圆形新𫌀 *Neoperla rotunda* Wu, 1948

Neoperla rotunda Wu, 1948. Bull. Pek. Nat. Hist. 17: 76. **Type locality:** China (Kwangsi: Yaoshan).

Neoperla rotunda: Illies, 1966. Das Tierreich 82: 276; Du, Sivec *et* He, 1999. Acta Entomol. Sloven. 7 (1): 63.

分布（Distribution）：广西（GX）

（179）暗斑新𫌀 *Neoperla signatalis* Banks, 1937

Neoperla signatalis Banks, 1937. Philipp. J. Sci. 62: 273. **Type locality:** China (Formosa).

Neoperla signatalis: Illies, 1966. Das Tierreich 82: 491; Sivec *et* Zwick, 1987. Beitr. Ent. 37 (2): 399; Du, Sivec *et* He, 1999. Acta Entomol. Sloven. 7 (1): 63; Sivec, Yang *et* Lee, 1997. Chin. J. Ent. 17 (3): 190.

分布（Distribution）：台湾（TW）

（180）刺囊新𫌀 *Neoperla similidella* Li *et* Wang, 2013

Neoperla similidella Li *et* Wang, 2013. In Li, Wang *et* Qin, 2013. ZooKeys 290: 25. **Type locality:** China (Fujian: Mt. Wuyishan, Kekao Station).

Neoperla similidella: Qin, Murányi, Wang *et* Li, 2013. ZooKeys 326: 11.

分布（Distribution）：福建（FJ）

(181) 似黄新蜻 *Neoperla similiflavescens* Li *et* Zhang, 2014

Neoperla similiflavescens Li *et* Zhang, 2014. ZooKeys 438: 49. **Type locality:** China (Henan: Xinyang City, Xin County, Liankangshan National Nature Reserve, Laomiao Protection station).

分布（Distribution）：河南（HEN）

(182) 似直新蜻 *Neoperla similiserecta* Wang *et* Li, 2012

Neoperla similiserecta Wang *et* Li, 2012. In Li, Wang, Li *et* Murányi, 2012. Zootaxa 3597: 18. **Type locality:** China (Guangdong: Xinfeng County, Mt. Yunjishan).

Neoperla similiserecta: Qin, Murányi, Wang *et* Li, 2013. ZooKeys 326: 11.

分布（Distribution）：福建（FJ）、广东（GD）

(183) 中华新蜻 *Neoperla sinensis* Chu, 1928

Neoperla sinensis Chu, 1928. China J. 9: 196. **Type locality:** China (Zhejiang: Hangzhou, Chiu Chi Shih Pa Chieh).

Neoperla sinensis: Wu, 1938. Plecopt. Sin.: 118; Claassen, 1940. Mem. Cornell Agric. Exp. Sta. 232: 166; Illies, 1966. Das Tierreich 82: 277; Du, Sivec *et* He, 1999. Acta Entomol. Sloven. 7 (1): 63; Li, Liang *et* Li, 2013. Zootaxa 3652 (3): 362.

分布（Distribution）：浙江（ZJ）

(184) 蝌蚪新蜻 *Neoperla tadpolata* Li *et* Murányi, 2014

Neoperla tadpolata Li *et* Murányi, 2014. In Wang, Murányi *et* Li, 2014. Zootaxa 3872 (1): 23. **Type locality:** China (Guangxi: Tianlin County, Cenwanglaoshan, Dalongping Station).

分布（Distribution）：广西（GX）

(185) 太白新蜻 *Neoperla taibaina* Du, 2005

Neoperla taibaina Du, 2005. In Du *et* Sivec, 2005. *In*: Yang X K, 2005. Insect Fauna of Middle-west Qinling Range and South Mountains of Gansu Province: 50. **Type locality:** China (Shaanxi: Qinling Mountain Range, Mt. Taibai).

Neoperla taibaina: Li, Wang *et* Lu, 2011. Zootaxa 2735: 57.

分布（Distribution）：陕西（SN）、湖北（HB）

(186) 大林新蜻 *Neoperla taihorinensis* Klapálek, 1913

Formosina taihorinensis Klapálek, 1913. Suppl. Ent. 2: 119. **Type locality:** China (Taiwan: Taihorin).

Formosina taihorinensis: Claassen, 1940. Mem. Cornell Agric. Exp. Sta. 232: 153; Illies, 1966. Das Tierreich 82: 278.

Neoperla taihorinensis: Sivec *et* Zwick, 1987. Beitr. Ent. 37 (2): 402; Du, Sivec *et* He, 1999. Acta Entomol. Sloven. 7 (1): 63; Sivec, Yang *et* Lee, 1997. Chin. J. Ent. 17 (3): 190.

分布（Distribution）：台湾（TW）

(187) 台湾新蜻 *Neoperla taiwanica* Sivec *et* Zwick, 1987

Neoperla taiwanica Sivec *et* Zwick, 1987. Beitr. Ent. 37 (2): 404. **Type locality:** China (Taiwan: Taihorinsho).

Neoperla taiwanica: Du, Sivec *et* He, 1999. Acta Entomol. Sloven. 7 (1): 63; Sivec, Yang *et* Lee, 1997. Chin. J. Ent. 17 (3): 190.

分布（Distribution）：台湾（TW）

(188) 定武山新蜻 *Neoperla tingwushanensis* Wu, 1935

Neoperla tingwushanensis Wu, 1935. Bull. Peking Nat. Hist. 9 (3): 234. **Type locality:** China (Kwangtung: Ting-wu-shan).

Neoperla tingwushanensis: Wu, 1938. Plecopt. Sin.: 120; Claassen, 1940. Mem. Cornell Agric. Exp. Sta. 232: 167; Banks, 1940. Proc. U. S. Nat. Mus. 88: 178; Illies, 1966. Das Tierreich 82: 279; Zwick, 1973. Das Tierreich 94: 260; Du, Sivec *et* He, 1999. Acta Entomol. Sloven. 7 (1): 63.

分布（Distribution）：广东（GD）

(189) 横突新蜻 *Neoperla transversprojecta* Du *et* Sivec, 2004

Neoperla transversprojecta Du *et* Sivec, 2004. *In*: Yang X K 2004. Insects from Mt. Shiwandashan area of Guangxi: 43. **Type locality:** China (Guangxi: Fangcheng County, Banbaxiang).

Neoperla transversprojecta: Li, Wang *et* Lu, 2011. Zootaxa 2735: 57; Wang, Li *et* Yang, 2013. ZooKeys 351: 43.

分布（Distribution）：广西（GX）

(190) 平截新蜻 *Neoperla truncata* Wu, 1948

Neoperla truncata Wu, 1948. Bull. Pek. Nat. Hist. 17: 77. **Type locality:** China (Sichuan: His-K'ang, T'ien-ch'uan).

Neoperla truncata: Illies, 1966. Das Tierreich 82: 279. Du, Sivec *et* He, 1999. Acta Entomol. Sloven. 7 (1): 63.

分布（Distribution）：四川（SC）、广西（GX）

(191) 瘤突新蜻 *Neoperla tuberculata* Wu, 1938

Neoperla tuberculata Wu, 1938. Plecopt. Sin.: 122. **Type locality:** China (Zhejiang: Tien-mu-shan).

Neoperla tuberculata: Claassen, 1940. Mem. Cornell Agric. Exp. Sta. 232: 167; Illies, 1966. Das Tierreich 82: 279; Du, Sivec *et* He, 1999. Acta Entomol. Sloven. 7 (1): 63; Li, Liang *et* Li, 2013. Zootaxa 3652 (3): 362; Qin, Murányi, Wang *et* Li, 2013. ZooKeys 326: 10.

分布（Distribution）：浙江（ZJ）、福建（FJ）

(192) 胡氏新蜻 *Neoperla wui* Yang *et* Yang, 1990

Neoperla wui Yang *et* Yang, 1990. Guizhou Science 8 (4): 3. **Type locality:** China (Guangxi: Jinxiu, Dayaoshan).

Neoperla wui: Du, Sivec *et* He, 1999. Acta Entomol. Sloven. 7 (1): 63.

分布（Distribution）：福建（FJ）、广西（GX）

（193）宋氏新蜻 *Neoperla xuansongae* Li *et* Li, 2013

Neoperla xuansongae Li *et* Li, 2013. In Li, Liang *et* Li. Zootaxa 3652 (3): 362. **Type locality:** China (Zhejiang: Lin'an County, Mt. Tianmushan, Sanmuping).
Neoperla xuansongae: Qin, Murányi, Wang *et* Li, 2013. ZooKeys 326: 11.
分布（**Distribution**）：浙江（ZJ）、福建（FJ）

（194）李氏新蜻 *Neoperla yanlii* Li *et* Wang, 2014

Neoperla yanlii Li *et* Wang, 2014. In Li, Murányi *et* Wang, 2014. Zootaxa 3753 (1): 2. **Type locality:** China (Yunnan: Luchun County, Mt. Huanglianshan).
分布（**Distribution**）：云南（YN）

（195）瑶族新蜻 *Neoperla yao* Stark, 1987

Neoperla yao Stark, 1987. Aquat. Ins. 9 (1): 47. **Type locality:** Vietnam (6km S Dalat).
Neoperla yao: Du, Sivec *et* He, 1999. Acta Entomol. Sloven. 7 (1): 63; Stark *et* Sivec, 2008. Illiesia 4 (3): 41; Wang, Wang *et* Li, 2013. ZooKeys 313: 87; Wang, Li *et* Yang, 2013. ZooKeys 351: 45.
分布（**Distribution**）：广西（GX）；越南

（196）尧山新蜻 *Neoperla yaoshana* Li, Wang *et* Lu, 2011

Neoperla yaoshana Li, Wang *et* Lu, 2011. Zootaxa 2735: 58. **Type locality:** China (Henan: Lushan County, Yaoshan).
Neoperla yaoshana: Li, Li, Feng *et* Wang, 2014. Zootaxa 3838: 178.
分布（**Distribution**）：河南（HEN）

（197）云南新蜻 *Neoperla yunnana* Li *et* Wang, 2014

Neoperla yunnana Li *et* Wang, 2014. In Wang, Murányi *et* Li, 2014. Zootaxa 3872 (1): 25. **Type locality:** China (Yunnan: Baoshan, Mount. Baihualing Nature Reserve).
分布（**Distribution**）：云南（YN）

存疑种

（198）二结新蜻 *Neoperla binodosa* (Wu, 1973)

Neoperlops binodosa Wu, 1973. Acta Ent. Sin. 16 (2): 109. **Type locality:** China (Hainan: Yinggen).
Neoperla binodosa: Du, Sivec *et* He, 1999. Acta Entomol. Sloven. 7 (1): 63.
分布（**Distribution**）：云南（YN）、海南（HI）

（199）韩氏新蜻 *Neoperla hatakeyamae* Okamoto, 1912

Neoperla hatakeyamae Okamoto, 1912. Trans. Sapp. Nat. Hist. Soc. 4: 131. **Type locality:** Japan (Kosempo).
Pseudoperla hatakeyamae Klapálek, 1921. Ann. Soc. Ent. Belg. 61: 320-327.
Neoperla hatakeyamae: Illies, 1966. Das Tierreich 82: 267, 272; Klapálek, 1913. Suppl. Ent. 2: 117; Claassen, 1940. Mem. Cornell Agric. Exp. Sta. 232: 153; Du, Sivec *et* He, 1999. Acta Entomol. Sloven. 7 (1): 63.
分布（**Distribution**）：台湾（TW）；日本

（200）深褐新蜻 *Neoperla obscurofulva* (Wu, 1962)

Simpliperla obscurofulva Wu, 1962. Acta Ent. Sin. 11 (Suppl.): 149. **Type locality:** China (Yunnan: Jinping).
Simpliperla obscurofulva: Illies, 1966. Das Tierreich 82: 632; Zwick, 1973. Das Tierreich 94: 267.
Neoperla obscurofulva: Du, Sivec *et* He, 1999. Acta Entomol. Sloven. 7 (1): 63; Li, Murányi *et* Wang, 2014. Zootaxa 3753 (1): 6.
分布（**Distribution**）：云南（YN）

13. 玷蜻属 *Phanoperla* Banks, 1938

Phanoperla Banks, 1938. J. Fed. Malay States Mus. 18 (2): 221. **Type species:** *Chloroperla limosa* Hagen, 1858.
Dyaperla Banks, 1939. Bull. Mus. Comp. Zool. 85 (7): 439-504. **Type species:** *Dyaperla anomala* Banks, 1939.

（201）棒管玷蜻 *Phanoperla pallipennis* (Banks, 1938)

Neoperla (*Phanoperla*) *pallipennis* Banks, 1938. J. Fed. Malay States Mus. 18: 222. **Type locality:** China (Hainan: Ta Hian).
Neoperla (*Phanoperla*) *pallipennis*: Illies, 1966. Das Tierreich 82: 506.
Phanoperla pallipennis: Zwick, 1982. Syst. Ent. 7 (1): 102; Du, Sivec *et* He, 1999. Acta Entomol. Sloven. 7 (1): 63.
分布（**Distribution**）：海南（HI）

钮蜻亚科 Acroneuriinae Klapálek, 1914

Acroneuriinae Klapálek, 1914. Čas. Čes. Spol. Ent. 11: 53, 58. **Type genus:** *Acroneuria* Pictet, 1841.

14. 钮蜻属 *Acroneuria* Pictet, 1841

Acroneuria Pictet, 1841. Histoire naturelle générale *et* particulière des insectes Névroptères 1 (1): 144. **Type locality:** information not available.

（202）葛氏钮蜻 *Acroneuria grahamia* Wu *et* Claassen, 1934

Acroneuria grahamia Wu *et* Claassen, 1934. Bull. Pek. Nat. Hist. 9: 126. **Type locality:** China (Sichuan).
Acroneuria grahami: Wu, 1938. Plecopt. Sin.: 132; Claassen, 1940. Mem. Cornell Agric. Exp. Sta. 232: 174; Du, 2000. Entomotaxon. 22 (2): 80; Banks, 1940. Proc. U. S. Nat. Mus. 88: 178; Illies, 1966. Das Tierreich 82: 308; Du, Sivec *et* He, 1999. Acta Entomol. Sloven. 7 (1): 63 (misspelled name).

分布（**Distribution**）：四川（SC）

（203）海南钮䗛 *Acroneuria hainana* Wu, 1938

Acroneuria hainana Wu, 1938. Plecopt. Sin.: 208. **Type locality:** China (Hainan).

Acroneuria hainana: Claassen, 1940. Mem. Cornell Agric. Exp. Sta. 232: 174; Illies, 1966. Das Tierreich 82: 308; Du, Sivec *et* He, 1999. Acta Entomol. Sloven. 7 (1): 63.

分布（**Distribution**）：海南（HI）

（204）峨眉钮䗛 *Acroneuria omeiana* Wu, 1948

Acroneuria omeiana Wu, 1948. Bull. Pek. Nat. Hist. 17: 145. **Type locality:** China (Szechuan=Sichuan: O-shan Ta-O-Ssu).

Acroneuria omeiana: Illies, 1966. Das Tierreich 82: 310; Du, Sivec *et* He, 1999. Acta Entomol. Sloven. 7 (1): 63; Du, 2000. Entomotaxon. 22 (2): 82.

分布（**Distribution**）：四川（SC）

（205）莫氏钮䗛 *Acroneuria morsei* Du, 2000

Acroneuria morsei Du, 2000. Entomotaxon. 22 (2): 80. **Type locality:** China (Sichuan: Guanxian= Dujiangyan City).

分布（**Distribution**）：四川（SC）

（206）多锥钮䗛 *Acroneuria multiconata* Du, 2000

Acroneuria multiconata Du, 2000. Entomotaxon. 22 (2): 81. **Type locality:** China (Shaanxi: Taibai mountain, Haopingsi).

分布（**Distribution**）：陕西（SN）

（207）中华钮䗛 *Acroneuria sinica* Yang *et* Yang, 1998

Acroneuria sinica Yang *et* Yang, 1998. In Wu H (ed). Insects of Longwangshan. p. 41. **Type locality:** China (Zhejiang: Longwangshan).

分布（**Distribution**）：浙江（ZJ）

（208）浙江钮䗛 *Acroneuria zhejiangensis* Yang *et* Yang, 1995

Acroneuria zhejiangensis Yang *et* Yang, 1995. *In*: Wu. Insects of Baishanzu Mountain, Eastern China: 12: 59. **Type locality:** China (Zhejiang: Mt. Baishanzu).

Acroneuria zhejiangensis: Du, Sivec *et* He, 1999. Acta Entomol. Sloven. 7 (1): 63.

分布（**Distribution**）：浙江（ZJ）

15. 梵䗛属 *Brahmana* Klapálek, 1914

Brahmana Klapálek, 1914. Čas. Čes. Spol. Ent. 11: 60. **Type species:** *Perla suffusa* Walker, 1852.

Brahmana: Illies, 1966. Das Tierreich 82: 632; Zwick, 1973. Das Tierreich 94: 273.

（209）黄边梵䗛 *Brahmana flavomarginata* Wu, 1962

Brahmana flavomarginata Wu, 1962. Acta Ent. Sin. 11 (Suppl.): 150. **Type locality:** China (Yunnan: Xishuangbanna).

Brahmana flavomarginata: Illies, 1966. Das Tierreich 82: 632; Zwick, 1973. Das Tierreich 94: 273; Du, Sivec *et* He, 1999. Acta Entomol. Sloven. 7 (1): 63; Du *et* Sivec, 2005. *In*: Yang X K, 2005. Insect Fauna of Middle-west Qinling Range and South Mountains of Gansu Province: 42.

分布（**Distribution**）：陕西（SN）、云南（YN）

16. 蔻䗛属 *Caroperla* Kohno, 1946

Caroperla Kohno, 1946. Collect. Breed. 8 (3): 57. **Type species:** *Caroperla pacifica* Kohno, 1946.

Caroperla: Illies, 1966. Das Tierreich 82: 327.

（210）赛氏蔻䗛 *Caroperla siveci* Li *et* Wang, 2013

Caroperla siveci Li *et* Wang, 2013. Aquat. Ins. 35 (1-2): 15. **Type locality:** China (Fujian: Mt. Wuyishan, Sangang Station).

分布（**Distribution**）：福建（FJ）

17. 黄䗛属 *Flavoperla* Chu, 1929

Flavoperla Chu, 1929. China J. 10: 90. **Type species:** *Flavoperla biocellata* Chu, 1929; Illies, 1966. Das Tierreich 82: 333; Stark *et* Sivec, 2008. Illiesia 4 (5): 59-65.

（211）双目黄䗛 *Flavoperla biocellata* Chu, 1929

Flavoperla biocellata Chu, 1929. China J. 10: 91. **Type locality:** China (Zhejiang: Hangzhou, Li An Z).

Gibosia biocellata: Illies, 1966. Das Tierreich 82: 333; Du, Sivec *et* He, 1999. Acta Entomol. Sloven. 7 (1): 63.

Kiotina biocellata: Du, 1999. In Huang, B. (ed): Fauna of insects in Fujian Province of China. 3: 319.

Flavoperla biocellata: Stark *et* Sivec, 2008. Illiesia 4 (5): 59.

分布（**Distribution**）：河南（HEN）、浙江（ZJ）、福建（FJ）

（212）圆叶黄䗛 *Flavoperla ovalolobata* (Wu, 1948)

Gibosia ovalolobata Wu, 1948. Bull. Pek. Nat. Hist. 17: 147. **Type locality:** China (Fujian: Shao-wu).

Gibosia ovalolobata: Illies, 1966. Das Tierreich 82: 335; Du, Sivec *et* He, 1999. Acta Entomol. Sloven. 7 (1): 63.

Flavoperla ovalolobata: Stark *et* Sivec, 2008. Illiesia 4 (5): 59.

分布（**Distribution**）：福建（FJ）

（213）淡色黄䗛 *Flavoperla lucida* (Klapálek, 1913)

Kiotina lucida Klapálek, 1913. Suppl. Ent. 2: 119. **Type locality:** China (Taiwan: Kaohsiung).

Kiotina lucida: Klapálek, 1916. Čas. Čes. Spol. Ent. 13: 45-84.

Gibosia lucida: Claassen, 1940. Mem. Cornell Agric. Exp. Sta. 232: 154; Illies, 1966. Das Tierreich 82: 335; Du, Sivec *et* He, 1999. Acta Entomol. Sloven. 7 (1): 63; Sivec, Yang *et* Lee, 1997. Chin. J. Ent. 17 (3): 191.

Flavoperla lucida: Stark *et* Sivec, 2008. Illiesia 4 (5): 59.

分布（**Distribution**）：台湾（TW）

18. 偻𫌀属 *Gibosia* Okamoto, 1912

Kiotina (*Gibosia*) Okamoto, 1912. Trans. Sapp. Nat. Hist. Soc. 4: 140. **Type species:** *Acroneuria angusta* Klapálek, 1907.
Gibosia: Illies, 1966. Das Tierreich 82: 333.

（214）二刺偻𫌀 *Gibosia bispinata* Wu, 1962

Gibosia bispinata Wu, 1962. Acta Ent. Sin. 11 (Suppl.): 151. **Type locality:** China (Yunnan: Hekou).
Gibosia bispinata: Illies, 1966. Das Tierreich 82: 334.
分布（Distribution）：云南（YN）

（215）显著偻𫌀 *Gibosia perspicillata* Klapálek, 1916

Gibosia perspicillata Klapálek, 1916. Čas. Čes. Spol. Ent. 13: 61. **Type locality:** China (Hong Kong).
Gibosia perspicillata: Wu, 1938. Plecopt. Sin.: 148; Claassen, 1940. Mem. Cornell Agric. Exp. Sta. 232: 154; Illies, 1966. Das Tierreich 82: 335; Kimmins, 1970. Bull. Br. Mus. Nat. Hist. Ent. 24 (8): 348; Du, Sivec *et* He, 1999. Acta Entomol. Sloven. 7 (1): 63.
分布（Distribution）：香港（HK）

19. 瘤钮𫌀属 *Hemacroneuria* Enderlein, 1909

Hemacroneuria Enderlein, 1909. Zool. Anz. 34: 390. **Type species:** *Hemacroneuria violacea* Enderlein, 1909.
Hemacroneuria: Illies, 1966. Das Tierreich 82: 341; Stark *et* Sivec, 2008. Illiesia 4 (17): 170.

（216）浅紫瘤钮𫌀 *Hemacroneuria violacea* Enderlein, 1909

Hemacroneuria violacea Enderlein, 1909. Zool. Anz. 34: 395. **Type locality:** Vietnam (Tonkin, Manson Gebirge).
Kiotina violacea: Claassen, 1940. Cat: 156; Illies, 1966. Das Tierreich 82: 343; Du, 1999. In Huang, B. (ed): Fauna of insects in Fujian Province of China. 3: 318.
Acroneuria violacea: Zwick, 1973. Annales Zoologici 30 (16): 491; Du, Sivec *et* He, 1999. Acta Entomol. Sloven. 7 (1): 63.
Hemacroneuria violacea: Stark *et* Sivec, 2008. Illiesia 4 (17): 174.
分布（Distribution）：福建（FJ）；越南

20. 扣𫌀属 *Kiotina* Klapálek, 1907

Kiotina Klapálek, 1907. Rozpr. Ceské. Akad. 16 (31): 2. **Type species:** *Acroneuria pictetii* Klapálek, 1907.

（217）银毛扣𫌀 *Kiotina albopila* (Wu, 1948)

Gibosia albopila Wu, 1948. Bull. Pek. Nat. Hist. 17: 147. **Type locality:** China (Fujian: Shao-wu, Ta-chu-luan).
Hemacroneuria violacea: Illies, 1966. Das Tierreich 82: 333; Du, Sivec *et* He, 1999. Acta Entomol. Sloven. 7 (1): 63.
分布（Distribution）：福建（FJ）

（218）双叉扣𫌀 *Kiotina bifurcata* Stark *et* Sivec, 2008

Kiotina bifurcata Stark *et* Sivec, 2008. Illiesia 4 (17): 163. **Type locality:** China (Fujian: Kuatun).
分布（Distribution）：福建（FJ）

（219）浙江扣𫌀 *Kiotina chekiangensis* (Wu, 1938)

Atoperla chekiangensis Wu, 1938. Plecopt. Sin.: 137. **Type locality:** China (Zhejiang: Tienmushan).
Atoperla chekiangensis: Claassen, 1940. Mem. Cornell Agric. Exp. Sta. 232: 180; Wu, 1949. Bull. Peking Nat. Hist. 17 (2): 146; Illies, 1966. Das Tierreich 82: 334.
Kiotina chekiangensis: Du, 1999. In Huang, B. (ed): Fauna of insects in Fujian Province of China. 3: 319; Du, Sivec *et* He, 1999. Acta Entomol. Sloven. 7 (1): 63; Stark *et* Sivec, 2008. Illiesia 4 (17): 162.
分布（Distribution）：浙江（ZJ）、福建（FJ）

（220）蒋氏扣𫌀 *Kiotina chiangi* (Banks, 1939)

Atoperla chiangi Banks, 1939. Bull. Mus. Comp. Zool. 85 (7): 452. **Type locality:** China (Guangdong: Yim Na san).
Atoperla chiangi: Illies, 1966. Das Tierreich 82: 334.
Kiotina chiangi: Du, Sivec *et* He, 1999. Acta Entomol. Sloven. 7 (1): 63; Stark *et* Sivec, 2008. Illiesia 4 (17): 162.
分布（Distribution）：广东（GD）

（221）黄缘扣𫌀 *Kiotina collaris* (Banks, 1937)

Schistoperla collaris Banks, 1937. Philipp. J. Sci. 62: 271. **Type locality:** China (Formosa: Taiheizan).
Schistoperla collaris: Claassen, 1940. Mem. Cornell Agric. Exp. Sta. 232: 208; Illies, 1966. Das Tierreich 82: 428.
Kiotina collaris: Zwick, 1973. Das Tierreich 94: 279; Du, Sivec *et* He, 1999. Acta Entomol. Sloven. 7 (1): 63; Sivec, Yang *et* Lee, 1997. Chin. J. Ent. 17 (3): 191; Stark *et* Sivec, 2008. Illiesia 4 (17): 164.
分布（Distribution）：台湾（TW）

（222）弯叶扣𫌀 *Kiotina delicata* Stark *et* Sivec, 2008

Kiotina delicata Stark *et* Sivec, 2008. Illiesia 4 (17): 166. **Type locality:** China (Fujian: Kuatun).
分布（Distribution）：福建（FJ）

（223）柯氏扣𫌀 *Kiotina kelloggi* Wu *et* Claassen, 1934

Kiotina kelloggi Wu *et* Claassen, 1934. Bull. Pek. Nat. Hist. 9: 128. **Type locality:** China (Fujian: Foochow, Kuliang).
Kiotina kelloggi: Wu, 1938. Plecopt. Sin.: 150; Claassen, 1940. Mem. Cornell Agric. Exp. Sta. 232: 156; Illies, 1966. Das Tierreich 82: 341; Du, Sivec *et* He, 1999. Acta Entomol. Sloven. 7 (1): 63; Du, 1999. In Huang, B. (ed): Fauna of insects in Fujian Province of China. 3: 320.
分布（Distribution）：福建（FJ）

（224）黑色扣䗛 *Kiotina nigra* (Wu, 1938)

Atoperla nigra Wu, 1938. Plecopt. Sin.: 138. **Type locality:** China (Zhejiang: Tienmushan).

Atoperla nigra: Claassen, 1940. Mem. Cornell Agric. Exp. Sta. 232: 180.

Gibosia nigra: Illies, 1966. Das Tierreich 82: 335.

Kiotina nigra: Du, 1999. In Huang, B. (ed): Fauna of insects in Fujian Province of China. 3: 320; Du, Sivec *et* He, 1999. Acta Entomol. Sloven. 7 (1): 64; Stark *et* Sivec, 2008. Illiesia 4 (17): 162.

分布（**Distribution**）：浙江（ZJ）、福建（FJ）

（225）四瘤扣䗛 *Kiotina quadrituberculata* Wu, 1948

Kiotina quadrituberculata Wu, 1948. Bull. Pek. Nat. Hist. 17: 148. **Type locality:** China (Fujian: Shao-wu, Ta-chu-luan).

Kiotina quadrituberculata: Illies, 1966. Das Tierreich 82: 342; Du, Sivec *et* He, 1999. Acta Entomol. Sloven. 7 (1): 64; Du, 1999. In Huang B. (ed): Fauna of insects in Fujian Province of China. 3: 321; Stark *et* Sivec, 2008. Illiesia 4 (17): 162.

分布（**Distribution**）：江西（JX）、福建（FJ）

（226）江西扣䗛 *Kiotina resplendens* Banks, 1939

Kiotina resplendens Banks, 1939. Bull. Mus. Comp. Zool. 85 (7): 453. **Type locality:** China (Jiangxi: Hongsan).

Kiotina resplendens: Illies, 1966. Das Tierreich 82: 342; Du, Sivec *et* He, 1999. Acta Entomol. Sloven. 7 (1): 64; Stark *et* Sivec, 2008. Illiesia 4 (17): 167.

分布（**Distribution**）：江西（JX）

（227）匙状扣䗛 *Kiotina spatulata* Wu, 1948

Kiotina spatulata Wu, 1948. Bull. Pek. Soc. Nat. Hist. 17 (2): 149. **Type locality:** China (Sichuan: Ya-chow, Chou-kung-shan).

Kiotina spatulata: Illies, 1966. Das Tierreich 82: 162; Du, Sivec *et* He, 1999. Acta Entomol. Sloven. 7 (1): 64; Stark *et* Sivec, 2008. Illiesia 4 (17): 162.

分布（**Distribution**）：四川（SC）

21. 拟䗛属 *Perlesta* Banks, 1906

Perlesta Banks, 1906. Can. Ent. 38: 222. **Type species:** *Perla placida* Hagen, 1861.

（228）赵氏拟䗛 *Perlesta chaoi* Wu, 1948

Perlesta chaoi Wu, 1948. Bull. Pek. Nat. Hist. 16: 271. **Type locality:** China (Fujian: Shao-wu, Ta-chu-luan).

Perlesta chaoi: Illies, 1966. Das Tierreich 82: 347; Du, Sivec *et* He, 1999. Acta Entomol. Sloven. 7 (1): 64; Du, 1999. In Huang, B. (ed): Fauna of insects in Fujian Province of China. 3: 321; Du *et* Sivec, 2005. *In*: Yang X K, 2005. Insect Fauna of Middle-west Qinling Range and South Mountains of Gansu Province: 43.

分布（**Distribution**）：甘肃（GS）、福建（FJ）

（229）匙状拟䗛 *Perlesta spatulata* Wu, 1938

Perlesta spatulata Wu, 1938. Plecopt. Sin.: 204. **Type locality:** China (Zhejiang: Tianmushan).

Perlesta spatulata: Claassen, 1940. Mem. Cornell Agric. Exp. Sta. 232: 148; Illies, 1966. Das Tierreich 82: 348; Du, Sivec *et* He, 1999. Acta Entomol. Sloven. 7 (1): 64.

分布（**Distribution**）：浙江（ZJ）

22. 华钮䗛属 *Sinacroneuria* Yang *et* Yang, 1995

Sinacroneuria Yang *et* Yang, 1995. Ent. J. East China 4 (1): 1. **Type species:** *Sinacroneuria orientalis* Yang *et* Yang, 1995.

Sinacroneuria: Stark *et* Sivec, 2008. Illiesia 4 (15): 150.

（230）双角华钮䗛 *Sinacroneuria bicornuata* Stark *et* Sivec, 2008

Sinacroneuria bicornuata Stark *et* Sivec, 2008. Illiesia 4 (15): 152. **Type locality:** China (Sichuan: Mt. Emeishan).

Sinacroneuria bicornuata: Li, Murányi *et* Wang, 2014. Zootaxa 3895 (2): 288.

分布（**Distribution**）：四川（SC）

（231）大别山华钮䗛 *Sinacroneuria dabieshana* Li *et* Murányi, 2014

Sinacroneuria dabieshana Li *et* Murányi, 2014. In Li, Murányi *et* Wang, 2014. Zootaxa 3895 (2): 285. **Type locality:** China (Henan: Xin County, Mt. Dabieshan, Liankangshan National Nature Reserve, Laomiao Protection station).

分布（**Distribution**）：河南（HEN）、湖北（HB）

（232）黄色华钮䗛 *Sinacroneuria flavata* (Navás, 1933)

Kamimuria flavata Navás, 1933. Mem. Pont. Accad. Sci. Nuov. Linc., (2) 17: 82. **Type locality:** China (Zhejiang: Hangzhou).

Kamimuria flavata: Wu, 1938. Plecopt. Sin.: 54; Claassen, 1940. Mem. Cornell Agric. Exp. Sta. 232: 122; Illies 1966. Das Tierreich 82: 478.

Sinacroneuria flavata: Du, Sivec *et* He, 1999. Acta Entomol. Sloven. 7 (1): 64; Li, Murányi *et* Wang, 2014. Zootaxa 3895 (2): 288.

分布（**Distribution**）：浙江（ZJ）

（233）龙王山华钮䗛 *Sinacroneuria longwangshana* (Yang *et* Yang, 1998)

Acroneuria longwangshana Yang *et* Yang, 1998. In Wu H (ed). Insects of Longwangshan. p. 40. **Type locality:** China (Zhejiang: Longwangshan).

Sinacroneuria longwangshana: Du, Sivec *et* Zhao, 2001. *In*: Wu *et* Pan, 2001. Insects of Tianmushan National Nature Reserve: 74.

分布（**Distribution**）：浙江（ZJ）

（234）东方华钮䗛 *Sinacroneuria orientalis* Yang *et* Yang, 1995

Sinacroneuria orientalis Yang *et* Yang, 1995. Ent. J. East China 4 (1): 1. **Type locality:** China (Anhui: Huangshan).
Sinacroneuria orientalis: Du, Sivec *et* He, 1999. Acta Entomol. Sloven. 7 (1): 64; Li, Murányi *et* Wang, 2014. Zootaxa 3895 (2): 289.
分布（Distribution）：安徽（AH）

（235）四斑华钮䗛 *Sinacroneuria quadriplagiata* (Wu, 1938)

Acroneuria quadriplagiata Wu, 1938. Plecopt. Sin.: 134. **Type locality:** China (Chekiang: Tiemmushan).
Acroneuria quadriplagiata: Illies, 1966. Das Tierreich 82: 311.
Sinacroneuria quadriplagiata: Du, Sivec *et* Zhao, 2001. *In*: Wu *et* Pan, 2001. Insects of Tianmushan National Nature Reserve: 74; Li, Murányi *et* Wang, 2014. Zootaxa 3895 (2): 289.
分布（Distribution）：浙江（ZJ）

（236）吴氏华钮䗛 *Sinacroneuria wui* (Yang *et* Yang, 1998)

Acroneuria wui Yang *et* Yang, 1998. *In*: Wu. Insects of Longwangshan: 42. **Type locality:** China (Zhejiang: Longwangshan).
Sinacroneuria wui: Du, Sivec *et* Zhao, 2001. *In*: Wu *et* Pan, 2001. Insects of Tianmushan National Nature Reserve: 75; Li, Murányi *et* Wang, 2014. Zootaxa 3895 (2): 290.
分布（Distribution）：浙江（ZJ）

（237）四川华钮䗛 *Sinacroneuria yiui* (Wu, 1935)

Mesoperla yiui Wu, 1935. Bull. Pek. Soc. Nat. Hist. 9 (3): 230. **Type locality:** China (Kiangsi: Lushan).
Mesoperla yiui: Illies, 1966. Das Tierreich 82: 311.
Sinacroneuria yiui: Du, Sivec *et* Zhao, 2001. *In*: Wu *et* Pan, 2001. Insects of Tianmushan National Nature Reserve: 75; Li, Murányi *et* Wang, 2014. Zootaxa 3895 (2): 290.
分布（Distribution）：江西（JX）、四川（SC）

23. 中钮䗛属 *Mesoperla* Klapálek, 1913

Mesoperla Klapálek, 1913. Suppl. Ent. 2: 112-127. **Type species:** *Mesoperla crucigera* Klappálek, 1913.

（238）叉形中钮䗛 *Mesoperla crucigera* Klappálek, 1913

Mesoperla crucigera Klapálek, 1913. Suppl. Ent. 2: 121. **Type locality:** China (Formosa).
Mesoperla crucigera: Claassen, 1940. Mem. Cornell Agric. Exp. Sta. 232: 126; Illies, 1966. Das Tierreich 82: 344, 345; Du, Sivec *et* He, 1999. Acta Entomol. Sloven. 7 (1): 64; Sivec, Yang *et* Lee, 1997. Chin. J. Ent. 17 (3): 191.
分布（Distribution）：台湾（TW）

存疑种

（239）小钩䗛*Kamimuria ramosa* Navás, 1936

Kamimuria ramosa Navás, 1936. Ark. Zool. 27 A (15): 8. **Type locality:** China (Gansu: Tan-Chang am Flub Shui-ho).
Kamimuria ramosa: Illies, 1966. Das Tierreich 82: 480; Du, Sivec *et* He, 1999. Acta Entomol. Sloven. 7 (1): 64; Sivec *et* Stark, 2008. Illiesia 4 (12): 137.
分布（Distribution）：甘肃（GS）

（240）缺刻纯䗛*Paragnetina excavata* Klapálek, 1921

Paragnetina excavata Klapálek, 1921. Ann. Soc. Ent. Belg. 61: 63. **Type locality:** China (Guangxi).
Paragnetina excavata: Klapálek, 1923. Coll. Zool. Selys Longchamps 4 (2): 76; Wu, 1935. Cat. Ins. Sin. 1: 305; Claassen, 1940. Mem. Cornell Agric. Exp. Sta. 232: 129; Illies, 1966. Das Tierreich 82: 495; Du, Sivec *et* He, 1999. Acta Entomol. Sloven. 7 (1): 64.
分布（Distribution）：广西（GX）

（241）康氏䗛*Perla comstocki* Wu, 1938

Perla comstocki Wu, 1938. Plecopt. Sin.: 88. **Type locality:** China (Manchuria).
Perla comstocki: Illies, 1966. Das Tierreich 82: 500; Du, Sivec *et* He, 1999. Acta Entomol. Sloven. 7 (1): 64.
分布（Distribution）：中国东北

（242）有斑䗛*Perla stictica* Navás, 1922

Perla stictica Navás, 1922. Mem. R. Acad. Cienc. Artes Barcelona 17: 386. **Type locality:** China (Guizhou: Reg. Pin-Fa).
Perla stictica: llies, 1966. Das Tierreich 82: 506; Du, Sivec *et* He, 1999. Acta Entomol. Sloven. 7 (1): 64.
分布（Distribution）：贵州（GZ）

网䗛科 Perlodidae Klapálek, 1909

Perlodidae Klapálek, 1909. In Klapálek *et* Grunberg. Hft. 8. Ephemerida, Plecoptera, Lepidoptera. In Brauer, A. Die Süsswasserfauna Deutschlands. Eine Exkursionsfauna: 39. **Type genus:** *Perlodes* Banks, 1903.

同䗛亚科 Isoperlinae Frison, 1942

Isoperlinae Frison. 1942. Ill. Nat. Hist. Surv. Bull. 22 (2): 311. **Type genus**: *Isoperla* Banks, 1906.
Isoperlini: Frison, 1942. Ill. Nat. Hist. Surv. Bull. 22 (2): 311.

1. 同䗛属 *Isoperla* Banks, 1906

Isoperla Banks, 1906. Ent. News 17: 175. **Type species:** *Sialis bilineata* Say.
Megahelus Klapálek, 1923. Ann. Soc. Ent. Belg. 63: 24; Illies,

1966. Das Tierreich 82: 392. **Type species:** *Isoperla bellona* Banks.

Nanoperla Banks, 1948. Psyche 54 (4): 283; Illies, 1966. Das Tierreich 82: 392. **Type species:** *Chloroperla minuta* Banks (= *Isoperla nana*).

Occiperla Banks, 1948. Psyche. 54 (4): 280. **Type species:** *Isoperla pinta* Frison.

Perliola Banks, 1948. Psyche. 54 (4): 284. **Type species:** *Chloroperla 5-punctata* Banks (= *Isoperla quinquepunctata*).

Perliphanes Banks, 1948. Psyche. 54 (4): 278. **Type species:** *Dictyogenus phaleratus* Needham (= *Isoperla phalerata*).

Isogenus (*Suzukia*) Okamoto, 1912. Trans. Sapp. Nat. Hist. Soc. 4: 109. **Type species:** *Isogenus motonis* Okamoto, 1912.

Walshiola Banks, 1948. Psyche. 54 (4): 283. **Type species:** *Perlinella signata* Banks.

（1）双斑同蜻 *Isoperla bimaculata* Yang *et* Yang, 1996

Isoperla bimaculata Yang *et* Yang, 1996. Journal of China Agricultural University 1 (5): 116. **Type locality:** China (Inner Mongolia: Xing'an League).

Isoperla bimaclata: Yang *et* Yang, 1996. Journal of China Agricultural University 1 (5): 118 (misspelled name).

分布（**Distribution**）：内蒙古（NM）

（2）弯刺同蜻 *Isoperla curvispina* (Wu, 1938)

Isoperla curvispina Wu, 1938. Plecopt. Sin.: 194. **Type locality:** China (Jilin).

Mesoperlina curvispina: Claassen, 1940. Mem. Agric. Exp. Sta. Cornell Univ. 232: 126; Illies, 1966. Das Tierreich 82: 424.

Isoperla curvispina: Zwick, 1973. Das Tierreich 94: 243.

分布（**Distribution**）：吉林（JL）

（3）奇异同蜻 *Isoperla eximia* Zapekina-Dulkeit, 1975

Isoperla eximia Zapekina-Dulkeit, 1975. Tr. Gosud. Sapow. Stolbij. 10: 211. **Type locality:** Siberia (Lake Baikal Basin).

Isoperla eximia: Teslenko *et* Bazova, 2009. Entomol. Rev. 89 (9): 1063; Teslenko *et* Zhiltzova, 2009. Key to the stoneflies (Insecta, Plecoptera) of Russia and adjacent countries: 272; Judson *et* Nelson, 2012. Zootaxa 3541: 47.

分布（**Distribution**）：中国东北；蒙古国、俄罗斯

（4）冯氏同蜻 *Isoperla fengi* Wu *et* Claassen, 1934

Isoperla fengi Wu *et* Claassen, 1934. Pek. Nat. Hist. Bull. 9 (2): 114. **Type locality:** China (Jilin: Hsiao-Pei-Shan).

Isoperla fengi: Wu, 1935. Cat. Ins. Sin. 1: 301; 1938. Plecopt. Sin.: 42; Claassen, 1940. Mem. Agric. Exp. Sta. Cornell Univ. 232: 200; Illies, 1966. Das Tierreich 82: 402.

分布（**Distribution**）：吉林（JL）

（5）弯突同蜻 *Isoperla lunigera* (Klapálek, 1923)

Chloroperla nanchana Klapálek, 1923. Ann. Soc. Ent. Belg. 63: 26. **Type locality:** Russia (Irkutsk).

Isoperla lunigera: Claassen, 1940. Mem. Agric. Exp. Sta. Cornell Univ. 232: 203; Illies, 1966. Das Tierreich 82: 408; Zwick, 1973. Das Tierreich 94: 247; Teslenko, 2006. Zootaxa 1130: 16; Zhu, Zhang *et* Wang, 2007. J. Shihezi Univ. (Nat. Sci.) 25: 275; Judson *et* Nelson, 2012. Zootaxa 3541: 48.

分布（**Distribution**）：新疆（XJ）；俄罗斯、蒙古国

（6）南昌同蜻 *Isoperla nanchana* Navás, 1922

Isoperla nanchana Navás, 1922. Mem. R. Acad. Ci. Barcelona 17: 387. **Type locality:** China (Jiangxi: Nanchan).

Isoperla nanchana: Wu, 1935. Cat. Ins. Sin. 1: 301; 1938. Plecopt. Sin.: 44; Claassen, 1940. Mem. Agric. Exp. Sta. Cornell Univ. 232: 204; Aubert, 1956. Mitt. Schweiz. Ent. Ges. 29: 441; Illies, 1966. Das Tierreich 82: 411.

分布（**Distribution**）：江西（JX）

（7）内蒙古同蜻 *Isoperla neimongolica* Yang *et* Yang, 1996

Isoperla neimongolica Yang *et* Yang, 1996. J. China Agric. Univ. 1 (5): 117. **Type locality:** China (Inner Mongolia: Xing'an League).

分布（**Distribution**）：内蒙古（NM）

（8）鄂尔多斯同蜻 *Isoperla ordosi* Wu, 1938

Isoperla ordosi Wu, 1938. Plecopt. Sin.: 195. **Type locality:** China (Inner Mongolia: Oulanchan Ordos).

Isoperla ordosi: Claassen, 1940. Mem. Agric. Exp. Sta. Cornell Univ. 232: 204; Illies, 1966. Das Tierreich 82: 414.

分布（**Distribution**）：内蒙古（NM）

（9）遮盖同蜻 *Isoperla praetexta* Klapálek, 1923

Chloroperla praetexta Klapálek, 1923. Ann. Soc. Ent. Belg. 63: 25. **Type locality:** China (Sichuan: Mouping).

Chloroperla praetexta: Wu, 1935. Cat. Ins. Sin. 1: 311; Wu, 1938. Plecopt. Sin.: 156; Claassen, 1940. Mem. Agric. Exp. Sta. Cornell Univ. 232: 192; Illies, 1966. Das Tierreich 82: 442.

Isoperla praetexta: Zwick, 1973. Das Tierreich 94: 416.

分布（**Distribution**）：四川（SC）

（10）索氏同蜻 *Isoperla sowerbyi* Wu *et* Claassen, 1934

Isoperla sowerbyi Wu *et* Claassen, 1934. Pek. Nat. Hist. Bull. 9 (2): 115. **Type locality:** China (Manchuria: Yalu River, 150 to 200 miles from mouth).

Isoperla sowerbyi: Wu, 1935. Cat. Ins. Sin. 1: 301; 1938. Plecopt. Sin.: 45; Claassen, 1940. Mem. Agric. Exp. Sta. Cornell Univ. 232: 206; Illies, 1966. Das Tierreich 82: 421.

分布（**Distribution**）：中国东北

（11）杨氏同蜻 *Isoperla yangi* Wu, 1935

Isoperla yangi Wu, 1935. Peking Nat. Hist. Bull. 9 (3): 227.

Type locality: China (Jiangxi: Ma-tang-shan).
Isoperla yangi: Wu, 1935. Cat. Ins. Sin. 1: 301; 1938. Plecopt. Sin.: 46; Claassen, 1940. Mem. Agric. Exp. Sta. Cornell Univ. 232: 207; Illies, 1966. Das Tierreich 82: 424.
分布（**Distribution**）：江西（JX）

2. 中网蟦属 *Mesoperlina* Klapálek, 1921

Mesoperlina Klapálek, 1921. Ann. Soc. Ent. Belg. 61: 146. **Type species:** *Mesoperlina pecirkai* Klapálek.
Mesoperlina: Illies, 1966. Das Tierreich 82: 260, 391, 424; Zhiltzova, 1970. Entomol. Obozr. 49: 578; Zwick, 1973. Das Tierreich 94: 253.

（12）黄褐中网蟦 *Mesoperlina ochracea* Klapálek, 1921

Mesoperlina ochracea Klapálek, 1921. Ann. Soc. Ent. Belg. 61: 149. **Type locality:** China (Xinjiang).
Mesoperlina ochracea: Wu, 1935. Cat. Ins. Sin. 1: 304; Wu, 1938. Plecopt. Sin.: 65; Claassen, 1940. Mem. Agric. Exp. Sta. Cornell Univ. 232: 126; Aubert, 1964. Mitt. Schweiz. Ent. Ges. 37: 80; Illies, 1966. Das Tierreich 82: 424; Zhiltzova, 1970. Rev. Ent. URSS 49 (3): 578; Zwick, 1973. Das Tierreich 94: 253.
分布（**Distribution**）：新疆（XJ）；俄罗斯、伊朗

网蟦亚科 Perlodinae Klapálek, 1909

Perlodinae Klapálek, 1909. In Klapálek & Grunberg. Hft. 8. Ephemerida, Plecoptera, Lepidoptera. In Brauer, A. Die Süsswasserfauna Deutschlands. Eine Exkursionsfauna: 39. **Type genus:** *Perlodes* Banks, 1903.

新网蟦族 Arcynopterygini Ricker *et* Scudder, 1975

Arcynopterygini Ricker *et* Scudder, 1975. Syesis 8: 333-348. **Type genus:** *Arcynopteryx* Klapálek, 1904.

3. 新费蟦属 *Neofilchneria* Zwick, 1973

Neofilchneria Zwick, 1973. Das Tierreich 94: 229. **Type species:** *Filchneria uncata* Kimmins, 1947.

（13）钩突新费蟦 *Neofilchneria uncata* (Kimmins, 1947)

Filchneria uncata Kimmins, 1947. Ann. Mat. Nat. Hist. Ser. 11 (13): 737. **Type locality:** China (Tibet: Yatung).
Filchneria uncata: Illies, 1966. Das Tierreich 82: 360; Kimmins, 1970. Bull. Br. Mus. Nat. Hist. Ent. 24 (8): 351.
Neofilchneria uncata: Zwick, 1973. Das Tierreich 94: 235; Zwick *et* Sivec, 1980. Entomol. Basil. 5: 113.
分布（**Distribution**）：西藏（XZ）

迪网蟦族 Diploperlini Stark *et* Szczytko, 1984

Diploperlini Stark *et* Szczytko. 1984. Ann. Limnol. 20: 100. **Type genus:** *Diploperla* Needham *et* Claassen, 1925.

4. 狭蟦属 *Stavsolus* Ricker, 1952

Isogenus (*Stavsolus*) Ricker, 1952. Ind. Univ. Publ. Sci. Ser. 18: 124. **Type species:** *Isogenus japonicus* Okamoto, 1912.
Stavsolus: Illies, 1966. Das Tierreich 82: 379.

（14）网状狭蟦 *Stavsolus tenninus* (Needham, 1905)

Perla tennina Needham, 1905. Proc. Biol. Soc. Wash. 18: 109. **Type locality:** Japan (Buzen, Hikosan).
Perla tennina: Klapálek, 1907. Rozpr. Ceské. Akad. 16 (31): 21; Okamoto, 1912. Trans. Sapp. Nat. Hist. Soc. 4: 126.
Togoperla tennina: Wu, 1938. Plecopt. Sin.: 93; Claassen, 1940. Mem. Agric. Exp. Sta. Cornell Univ. 232: 151.
Stavsolus tenninus: Sivec, Stark *et* Uchida, 1988. Scopolia 16: 20.
分布（**Distribution**）：中国东北；日本

（15）满洲里狭蟦 *Stavsolus manchuricus* Teslenko, 1999

Stavsolus manchuricus Teslenko, 1999. In Teslenko *et* Minakawa, 1999. Aquat. Ins. 21 (1): 26. **Type locality:** Russia (Southern Primorye, Kedrovaya River).
分布（**Distribution**）：中国东北；俄罗斯

网蟦族 Perlodini Klapálek, 1909

Perlodini Klapálek, 1909. In Klapálek & Grunberg. Hft. 8. Ephemerida, Plecoptera, Lepidoptera. In Brauer, A. Die Süsswasserfauna Deutschlands. Eine Exkursionsfauna: 39. **Type genus:** *Perlodes* Banks, 1903; Stark *et* Szczytko. 1984. Ann. Limnol. 20: 100.

5. 费蟦属 *Filchneria* Klapálek, 1908

Filchneria Klapálek, 1908. Wiss. Zool. Botan. Ergebn. 10: 61; Zhiltzova, 1971. Entomol. Obozr. 50 (2): 196-206; Zwick, 1973. Das Tierreich 94: 228-229; Judson *et* Nelson. 2012. Zootaxa 3541: 43. **Type species:** *Dictyopteryx mongolica* Klapálek.
Filchneria Klapálek, 1907. *In*: Illies, 1966. Das Tierreich 82: 359.
Arcynopteryx (*Filchneria*) Ricker, 1952. Ind. Univ. Publ. Sci. Ser. 18: 70.
Skobeleva Klapálek, 1912. Coll. Zool. Selys. 4 (1): 23; Illies, 1966. Das Tierreich 82: 388. **Type species:** *Dictyopteryx olgae* McLachlan.

（16）叉状费蟦 *Filchneria furcifera* Navás, 1936

Filchneria furcifera Navás, 1936. Ark. Zool. 27 A (15): 3.

Type locality: China (Xinjiang: Tianshan).
Filchneria furcifera: Claassen, 1940. Mem. Agric. Exp. Sta. Cornell Univ. 232: 103; Aubert, 1956. Mitt. Schweiz. Ent. Ges. 29: 439; Zapekina-Dulkett, 1959. Akad. Nauk SSSR fernostl. Filiale "Komarow" 11: 147; Illies, 1966. Das Tierreich 82: 360; Zwick, 1973. Das Tierreich 94: 416.
分布（**Distribution**）：新疆（XJ）

（17）异翅费蜻 *Filchneria heteroptera* (Wu, 1938)

Perlodinella heteroptera Wu, 1938. Plecopt. Sin.: 191. **Type locality:** China (Liaoning).
Perlodinella heteroptera: Claassen, 1940. Mem. Agric. Exp. Sta. Cornell Univ. 232: 116; Ricker, 1952. Ind. Univ. Publ. Sci. Ser. 18: 139.
Perlodes heteroptera: Brink, 1954. Opusc. Ent. 19 (2-3): 197.
Skobeleva heteroptera: Illies, 1966. Das Tierreich 82: 389.
Filchneria heteroptera: Zwick, 1973. Das Tierreich 94: 229.
分布（**Distribution**）：辽宁（LN）

（18）蒙古费蜻 *Filchneria mongolica* (Klapálek, 1901)

Dictyopteryx mongolica Klapálek, 1901. Rozpr. Ceske Akad., (11) 10 (21): 13. **Type locality:** China (Shaanxi: Qinling on way to Hsin-ngan-fu).
Filchneria mongolica: Klapálek, 1907. Filchner Exped. Zool. Bot. Ergebn. 10: 61; 1912. Coll., Zool. Selys Long. 4 (1): 25; Wu, 1935. Cat. Ins. Sin. 1: 299; Wu, 1938. Plecopt. Sin.: 23; Claassen, 1940. Mem. Agric. Exp. Sta. Cornell Univ. 232: 104; Illies, 1966. Das Tierreich 82: 360; Rauser, 1968. Ent. Abh. Mus. Tierk. Dresden 34 (5): 360; Zhiltzova, 1971. Zool. Zh. 50: 1035; Zwick, 1973. Das Tierreich 94: 229; Teslenko *et* Bazova. 2009. Entomol. Rev. 89 (9): 1062; Teslenko, Zwick *et* Bazova. 2010. Zootaxa 2693: 50; Judson *et* Nelson. 2012. Zootaxa 3541: 43.
分布（**Distribution**）：陕西（SN）；蒙古国

（19）套费蜻 *Filchneria tau* (Klapálek, 1908)

Dictyopteryx tau Klapálek, 1908. Filchner Exped. Zool. Bot. Ergebn 10: 59. **Type locality:** China (Gansu: Lanzhou on way to Xining).
Skobeleva tau: Klapálek, 1912. Coll. Zool. Selys Long. 4 (1): 24; Wu, 1935. Cat. Ins. Sin. 1: 300; Wu, 1938. Plecopt. Sin.: 33; Claassen, 1940. Mem. Agric. Exp. Sta. Cornell Univ. 232: 117; Ricker, 1952. Ind. Univ. Publ. Sci. Ser. 18: 141; Illies, 1966. Das Tierreich 82: 390.
Perlodes (*Skobeleva*) *tau*: Brinck, 1954. Opusc. Ent. Suppl. 19 (2-3): 198.
Filchneria tau: Zwick, 1973. Das Tierreich 94: 229.
分布（**Distribution**）：甘肃（GS）

6. 何蜻属 *Hedinia* Navás, 1936

Hedinia Navás, 1936. Ark. Zool. 27 A (15): 1. **Type species:** *Hedinia implexa* Navás.
Hedinia: Illies, 1966. Das Tierreich 82: 511.

（20）甘肃何蜻 *Hedinia implexa* Navás, 1936

Hedinia implexa Navás, 1936. Ark. Zool. 27 A (15): 1. **Type locality:** China (Southern Gansu).
Hedinia implexa: Illies, 1966. Das Tierreich 82: 511; Li *et* Murányi, 2015. Zool. Anz. 259: 49.
分布（**Distribution**）：甘肃（GS）

7. 网蜻属 *Perlodes* Banks, 1903

Perlodes Banks, 1903. Ent. News 14: 241. **Type species:** *Perla microcephala* Pictet, 1833.
Perlodes: Illies, 1966. Das Tierreich 82: 384; Zwick, 1973. Das Tierreich 94: 223, 224, 236; Steyskal, 1976. In Baumann. A report on the fifth international symposium on Plecoptera. Proc. Biol. Soc. Wash. 88 (38): 410; Carpenter, 1992. In Kaesler. Part R Arthropoda 4. Treatise on Invertebrate Paleontology: 96.
Perlodes (*Perlodes*): Needham *et* Claassen, 1925. The Thomas Say Foundation II: 50.
Perla (*Dictyopteryx*) Walker, 1852. Catalogue of the specimens of neuropterous insects in the collection of the British Museum 1: 141.
Dictyopteryx Pictet, 1841. Histoire naturelle générale *et* particulière des insectes Névroptères 1: 143. **Type species:** *Perla microcephala* Pictet, 1833.

（21）叶状网蜻 *Perlodes lobata* Wu *et* Claassen, 1934

Perlodes lobata Wu *et* Claassen, 1934. Pek. Nat. Hist. Bull. 9: 113. **Type locality:** China (Sichuan: West of Chego Pass).
Perlodes lobata: Wu, 1935. Cat. Ins. Sin. 1: 300; Wu, 1938. Plecopt. Sin.: 25; Claassen, 1940. Mem. Agric. Exp. Sta. Cornell Univ. 232: 117; Ricker, 1952. Ind. Univ. Publ. Sci. Ser. 18: 135; Brinck, 1954. Opusc. Ent. Suppl. 19 (2-3): 196; Illies, 1966. Das Tierreich 82: 512.
分布（**Distribution**）：四川（SC）

（22）中华网蜻 *Perlodes sinensis* Navás, 1933

Perlodes sinensis Navás, 1933. Mem. Acad. Sci. Nuovi Lincei 17: 81. **Type locality:** China (Gansu: Minchow).
Perlodes sinensis: Wu, 1935. Cat. Ins. Sin. 1: 300; Wu, 1938. Plecopt. Sin.: 26; Claassen, 1940. Mem. Agric. Exp. Sta. Cornell Univ. 232: 113; Ricker, 1952. Ind. Univ. Publ. Sci. Ser. 18: 135; Brinck, 1954. Opusc. Ent. Suppl. 19 (2-3): 197; Illies, 1966. Das Tierreich 82: 512.
分布（**Distribution**）：甘肃（GS）

（23）平截网蜻 *Perlodes truncata* Wu *et* Claassen, 1934

Perlodes truncata Wu *et* Claassen, 1934. Pek. Nat. Hist. Bull. 9: 113. **Type locality:** China (Tibet: Zya-Ha Pass).
Perlodes truncata: Wu, 1935. Cat. Ins. Sin. 1: 300; Wu, 1938.

Plecopt. Sin.: 27; Claassen, 1940. Mem. Agric. Exp. Sta. Cornell Univ. 232: 115; Ricker, 1952. Ind. Univ. Publ. Sci. Ser. 18: 135; Brinck, 1954. Opusc. Ent. Suppl. 19 (2-3): 197; Illies, 1966. Das Tierreich 82: 512.
分布（**Distribution**）：西藏（XZ）

8. 罗䗛属 *Perlodinella* Klapálek, 1912

Perlodinella Klapálek, 1912. Coll. Zool. Selys. 4 (1): 28. **Type species:** *Perlodinella kozlovi* Klapálek, 1912; Illies, 1966. Das Tierreich 82: 388; Zwick, 1973. Das Tierreich 94: 237.

（24）端钩罗䗛 *Perlodinella apicalis* Kimmins, 1947

Perlodinella apicalis Kimmins, 1947. Ann. Mag. Hist. 11 (13): 739. **Type locality:** China (Tibet: Yatung).
Skobeleva apicalis: Brinck, 1954. Opusc. Ent. Suppl. 19 (2-3): 197; Illies, 1966. Das Tierreich 82: 389.
Perlodinella apicalis: Ricker, 1952. Ind. Univ. Publ. Sci. Ser. 18: 139; Zwick, 1973. Das Tierreich 94: 237.
分布（**Distribution**）：西藏（XZ）

（25）深褐罗䗛 *Perlodinella fuliginosa* Wu, 1973

Perlodinella fuliginosa Wu, 1973. Acta Ent. Sin. 16 (2): 107. **Type locality:** China (Heilongjiang: Haerbin).
分布（**Distribution**）：黑龙江（HL）、河北（HEB）

（26）寇氏罗䗛 *Perlodinella kozlovi* Klapálek, 1912

Perlodinella kozlovi Klapálek, 1912. Coll. Zool. Selys. 4 (1): 28. **Type locality:** China (Tibet: Basin of Blue River in Kham, Dsa-Tschju).
Perlodes kozlovi: Brinck, 1954. Opusc. Ent. Suppl. 19 (2-3): 198.
Perlodinella kozlovi: Wu, 1935. Cat. Ins. Sin. 1: 300; Wu, 1938. Plecopt. Sin.: 28; Claassen, 1940. Mem. Agric. Exp. Sta. Cornell Univ. 232: 116; Ricker, 1952. Ind. Univ. Publ. Sci. Ser. 18: 141; Illies, 1966. Das Tierreich 82: 388; Zwick, 1973. Das Tierreich 94: 237.
分布（**Distribution**）：西藏（XZ）

（27）小叶罗䗛 *Perlodinella microlobata* Wu, 1938

Perlodinella microlobata Wu, 1938. Plecopt. Sin.: 192. **Type locality:** China (Kansu N).
Perlodinella (*Skobeleva*) *microlobata*: Brinck, 1954. Opusc. Ent. Suppl. 19 (2-3): 197.
Skobeleva microlobata: Illies, 1966. Das Tierreich 82: 389.
Perlodinella microlobata: Claassen, 1940. Mem. Agric. Exp. Sta. Cornell Univ. 232: 116; Ricker, 1952. Indiana Univ. Publ. Sci. Ser., 18: 139; Zwick, 1973. Das Tierreich, 94: 237.
分布（**Distribution**）：甘肃（GS）

（28）大通罗䗛 *Perlodinella tatunga* Wu, 1973

Perlodinella tatunga Wu, 1973. Acta Ent. Sin. 16 (2): 106. **Type locality:** China (Qinghai: Datong County, Guanghuisi temple).
分布（**Distribution**）：甘肃（GS）、青海（QH）

（29）单斑罗䗛 *Perlodinella unimacula* Klapálek, 1912

Perlodinella unimacula Klapálek, 1912. Coll. Zool. Selys Long. 4 (1): 30. **Type locality:** China (Tibet: upper course of Chi-Tschu in the basin of Blue River).
Perlodes (*Perlodinella*) *unimacula*: Brinck, 1954. Opusc. Ent. Suppl. 19 (2-3): 198.
Skobeleva unimacula: Wu, 1973. Acta Ent. Sin. 16 (2): 98.
Perlodinella unimacula: Wu, 1935. Cat. Ins. Sin. 1: 300; Wu, 1938. Plecopt. Sin.: 29; Claassen, 1940. Mem. Agric. Exp. Sta. Cornell Univ. 232: 116; Illies, 1966. Das Tierreich 82: 388; Zwick, 1973. Das Tierreich 94: 237; Zhiltzova, 1995. Katalog tipovykh ekzemplyarov kollektsii zoologicheskogo instituta RAN. Vesnyanki (Plecoptera): 11.
分布（**Distribution**）：西藏（XZ）

9. 原䗛属 *Protarcys* Klapálek, 1912

Protarcys Klapálek, 1912. Coll. Zool. Selys. 4 (1): 8. **Type species:** *Protarcys caudata* Klapálek, 1912; Hanson, 1942. Am. Midl. Nat. 28 (2): 392; Illies, 1966. Das Tierreich 82: 375.
Arcynopteryx (*Protarcys*): Ricker, 1952. Ind. Univ. Publ. Sci. Ser. 18: 81.

（30）具尾原䗛 *Protarcys caudata* Klapálek, 1912

Protarcys caudata Klapálek, 1912. Coll. Zool. Selys Long. 4 (1): 9. **Type locality:** China (Sichuan: Moupin=Baoxing).
Arcynopteryx (*Protarcys*) *caudata*: Ricker, 1952. Ind. Univ. Publ. Sci. Ser. 18: 81.
Protarcys caudata: Wu, 1935. Cat. Ins. Sin. 1: 300; Wu, 1938. Plecopt. Sin.: 31; Claassen, 1940. Mem. Agric. Exp. Sta. Cornell Univ. 232: 117; Illies, 1966. Das Tierreich 82: 375.
分布（**Distribution**）：四川（SC）

（31）黄色原䗛 *Protarcys lutescens* Klapálek, 1912

Protarcys lutescens Klapálek, 1912. Coll. Zool. Selys Long. 4 (1): 8. **Type locality:** China (Sichuan: Taczinlu).
Arcynopteryx (*Protarcys*) *lutescens*: Ricker, 1952. Ind. Univ. Publ. Sci. Ser. 18: 81.
Protarcys lutescens: Wu, 1935. Cat. Ins. Sin. 1: 300; Wu, 1938. Plecopt. Sin.: 31; Claassen, 1940. Mem. Agric. Exp. Sta. Cornell Univ. 232: 117; Illies, 1966. Das Tierreich 82: 375.
分布（**Distribution**）：四川（SC）

10. 饶䗛属 *Rauserodes* Zwick, 1999

Rauserodes Zwick, 1999. Aquat. Ins. 21 (3): 168. **Type species:** *Rauserella epiproctalis* Zwick, 1997.
Rauserella Zwick, 1997. Ephemeroptera & Plecoptera: Biology-Ecology-Systematics 489. **Type species:** *Rauserella epiproctalis* Zwick, 1997.

(32)肛突饶䗛 *Rauserodes epiproctalis* (Zwick, 1997)

Rauserella epiproctalis Zwick, 1997. In Landolt P. and M. Sartori (eds.), Ephemeroptera & Plecoptera: Biology-Ecology-Systematics 489. **Type locality:** China (Qinghai: Qilianshan).
Rauserodes epiproctalis: Zwick, 1999. Aquat. Ins. 21 (3): 168.
分布(Distribution):青海(QH)

大䗛总科 Pteronarcyoidea Newman, 1853

扁䗛科 Peltoperlidae Claassen, 1931

Peltoperlidae Claassen, 1931. Plecoptera nymphs of America (north of Mexico). 1-199. **Type genus:** *Peltoperla* Needham, 1905.

小扁䗛亚科 Microperlinae Uchida *et* Isobe, 1989

Microperlinae Uchida *et* Isobe, 1989. Spixiana 12 (2): 172. **Type genus:** *Microperla* Chu, 1928; Stark *et* Sivec, 2007. Illiesia 3 (12): 104-126.
Microperlini Uchida *et* Isobe, 1989. Spixiana 12 (2): 172. **Type genus:** *Microperla* Chu, 1928.

1. 小扁䗛属 *Microperla* Chu, 1928

Microperla Chu, 1928. China J. 9: 194. **Type species:** *Microperla* Chu, 1928; Illies, 1966. Das Tierreich 82: 20.

(1)吉氏小扁䗛 *Microperla geei* Chu, 1928

Microperla geei Chu, 1928. Chines J. 9 (4): 197. **Type locality:** China (Zhejiang: Hangzhou: Hu Pao).
Microperla geei: Wu, 1935. Cat. Ins. Sin. 1: 304; Wu, 1938. Plecopt. Sin.: 67; Claassen, 1940. Mem. Agric. Exp. Sta. Cornell Univ. 232: 126; Kawai, 1958. Kontyu 26: 138; Illies, 1966. Das Tierreich 82: 19; Wu, 1973. Acta Ent. Sin. 16 (2): 97; Stark *et* Sivec, 2000. Acta Entomol. Sloven. 8: 102; Stark *et* Sivec, 2007. Illiesia 3 (12): 105.
分布(Distribution):河南(HEN)、浙江(ZJ)

(2)翘叶小扁䗛 *Microperla retroloba* (Wu, 1938)

Isoperla retroloba Wu, 1938. Plecopt. Sin.: 196. **Type locality:** China (S. E. Gansu: Cheumen).
Microperla retroloba: Du *et* Shen, 1999. In Shen *et* Pei (eds), The Fauna and Taxonomy of Insects in Henan, Vol. 4, The Fauna of Insects of Southern Funiu Mountain and Dabie Mountain. p. 227; Du *et* Sivec, 2005. *In*: Yang X K, 2005. Insect Fauna of Middle-west Qinling Range and South Mountains of Gansu Province: 41.
分布(Distribution):河南(HEN)、甘肃(GS)

扁䗛亚科 Peltoperlinae Claassen, 1931

Peltoperlinae Claassen, 1931. Plecoptera nymphs of America (north of Mexico). 1-199. **Type genus:** *Peltoperla* Needham, 1905.

2. 刺扁䗛属 *Cryptoperla* Needham, 1909

Cryptoperla Needham, 1909. Rec. Ind. Mus. 3: 197. **Type species:** *Cryptoperla torva* Needham, 1909; Illies, 1966. Das Tierreich 82: 20.

(3)有刺刺扁䗛 *Cryptoperla aculeata* (Wu, 1973)

Peltoperla aculeata Wu, 1973. Acta Ent. Sin. 16 (2): 100. **Type locality:** China (Yunnan: Menghai).
Cryptoperla aculeata: Stark, 1989. Ent. Scand. 19 (4): 517.
分布(Distribution):甘肃(GS)、四川(SC)、云南(YN)

(4)姜氏刺扁䗛 *Cryptoperla chiangi* (Banks, 1940)

Nogiperla chiangi Banks, 1940. Proc. U. S. Nat. Mus. 88: 177. **Type locality:** China (Sichuan: Lin Ngai Si).
Neopeltoperla chiangi: Kohno, 1946. Insect World 49: 2; 50: 14; Hitchcock, 1962. Bull. Brookl. Ent. Soc. 62: 83; Illies, 1966. Das Tierreich 82: 21.
Cryptoperla chiangi: Uchida *et* Isobe, 1988. Aquatic. Ins. 10 (1): 20; Stark, 1989. Ent. Scand. 19 (4): 513.
分布(Distribution):四川(SC)

(5)杜氏刺扁䗛 *Cryptoperla dui* Sivec, 2005

Cryptoperla dui Sivec, 2005. Illiesia 1: 8. **Type locality:** China (Sichuan: Wenchung).
分布(Distribution):四川(SC)

(6)蓬莱刺扁䗛 *Cryptoperla formosana* (Okamoto, 1912)

Nogiperla formosana (Okamoto, 1912). Trans. Sapp. Nat. Hist. Soc. 4: 136. **Type locality:** China: Taiwan (Yilan).
Nogiperla formosana: Claassen, 1940. Mem. Agric. Exp. Sta. Cornell Univ. 232: 167; Illies, 1966. Das Tierreich 82: 22.
Neopeltoperla formosana: Kohno, 1945. Insect World 49: 11.
Cryptoperla formosana: Uchida *et* Isobe, 1988. Aquat. Ins. 10 (1): 23; Stark, 1989. Ent. Scand. 19 (4): 513; Sivec, Yang *et* Lee, 1997. Chin. J. Ent. 17 (3): 188.
分布(Distribution):台湾(TW)

(7)福建刺扁䗛 *Cryptoperla fujianica* Sivec, 1995

Cryptoperla fujianica Sivec, 1995. Opusc. Zool. Flumin. 132: 2. **Type locality:** China (Fujian: Guadun).
分布(Distribution):福建(FJ)

(8)克氏刺扁䗛 *Cryptoperla klapaleki* Stark *et* Sivec, 2007

Peltoperla formosana Klapalek, 1913. Suppl. Entomol. 2: 123 (not *formosana* Okamoto, 1912). **Type locality:** China (Tai-

wan: Taihorin).
Peltoperla formosana: Sivec, Yang *et* Lee, 1997. Chin. J. Ent. 17 (3): 189.
Peltoperlopsis formosana: Illies, 1966. Das Tierreich 82: 24.
Cryptoperla klapaleki Stark *et* Sivec, 2007. Illiesia 3 (14): 151. (nom. n.).
分布（**Distribution**）：台湾（TW）

（9）钝形刺扁蜻 *Cryptoperla obtusa* (Wu, 1973)

Peltoperla obtusa Wu, 1973. Acta Ent. Sin. 16 (2): 100. **Type locality:** China (Sichuan: Emeishan, Jiulaodong).
Cryptoperla obtusa: Stark, 1989. Ent. Scand. 19 (4): 517.
分布（**Distribution**）：四川（SC）

（10）尖刺刺扁蜻 *Cryptoperla stilifera* Sivec, 1995

Cryptoperla stilifera Sivec, 1995. Opusc. Zool. Flumin. 132: 2. **Type locality:** China (Fujian: Guadun).
分布（**Distribution**）：福建（FJ）

（11）尤氏刺扁蜻 *Cryptoperla uchidai* Stark *et* Sivec, 2007

Cryptoperla uchidai Stark *et* Sivec, 2007. Illiesia 3 (14): 154. **Type locality:** China (Taiwan: Taibei, Wulai Shinoi).
分布（**Distribution**）：台湾（TW）

（12）中华刺扁蜻 *Cryptoperla sinensis* (Wu *et* Claassen, 1934)

Peltoperla sinensis Wu *et* Claassen, 1934. Bull. Pek. Soc. Nat. Hist. 9: 125. **Type locality:** China (Szechuan=Sichuan).
Peltoperlopsis sinensis: Illies, 1966. Das Tierreich 82: 25; Zwick, 1973. Das Tierreich 94: 221.
Cryptoperla sinensis: Stark *et* Sivec, 2007. Illiesia 3 (12): 104.
分布（**Distribution**）：四川（SC）

3. 短扁蜻属 *Peltoperlopsis* Illies, 1966

Peltoperlopsis Illies, 1966. Das Tierreich 82: 24. **Type species:** *Peltoperla mindanensis* Banks, 1924; Zwick, 1973. Das Tierreich 94: 221.

（13）黑褐短扁蜻 *Peltoperlopsis nigrifulva* (Wu, 1962)

Peltoperla nigrifulva Wu, 1962. Acta Ent. Sin. 11 (Suppl.): 141. **Type locality:** China (Yunnan: Jingdong).
Peltoperla nigrifulva: Zwick, 1973. Das Tierreich 94: 220.
Peltoperlopsis nigrifulva: Stark *et* Sivec, 2007. Illiesia 3 (12): 104.
分布（**Distribution**）：云南（YN）

大蜻科 Pteronarcyidae Newman, 1853

Pteronarcidae Newman, 1853. Zoologist 11 (Appendix): cxc. **Type genus:** *Pteronarcys* Newman, 1838.
Pteronarcyidae: Enderlein. 1909. Zool. Anz. 34: 386.

1. 大蜻属 *Pteronarcys* Newman, 1838

Pteronarcys Newman, 1838. Entom. Mag. 5 (2): 175. **Type species:** *Sialis dorsata* Say, 1823.

（1）萨哈林大蜻 *Pteronarcys sachalina* Klapálek, 1908

Pteronarcys sachalina Klapálek, 1908. Annu. Mus. Zool. 13: 62. **Type locality:** Sachalin Island.
Pteronarcys excavata Wu *et* Claassen, 1934. Bull. Pek. Soc. Nat. Hist. 9: 112. **Type locality:** China (Jilin: Wei-Hu-Ling).
Pteronarcys macra Ra, Baik *et* Cho, 1991. Korean J. Syst. Zool. 7 (1): 121. **Type locality:** Korea.
Pteronarcys sachalina: Illies, 1966. Das Tierreich 82: 259; Zwick, 1973. Das Tierreich 94: 216; Nelson, 1988. Ann. Ent. Soc. Amm. 81 (4): 561; Teslenko *et* Zhiltzova, 2009. Key to the stoneflies (Insecta, Plecoptera) of Russia and adjacent countries: 14.
分布（**Distribution**）：吉林（JL）；韩国、俄罗斯

刺蜻科 Styloperlidae Uchida *et* Isobe, 1989

Styloperlidae Uchida *et* Isobe, 1989. Spixiana 12 (2): 147. **Type genus:** *Styloperla* Wu, 1935.

1. 爪蜻属 *Cerconychia* Klapálek, 1913

Cerconychia Klapálek, 1913. Suppl. Ent. 2: 124. **Type species:** *Cerconychia livida* Klapálek, 1913.

（1）沙巴爪蜻 *Cerconychia sapa* Stark *et* Sivec, 2007

Cerconychia sapa Stark *et* Sivec, 2007. Illiesia 3 (2): 11. **Type locality:** Vietnam (Lao Cai, Sapa, Large waterfall on road from Sapa to Lai Chau).
Cerconychia sapa: Li, Li *et* Yang, 2012. Acta Zootaxon. Sin. 38 (1): 193.
分布（**Distribution**）：云南（YN）；越南

（2）中华爪蜻 *Cerconychia sinensis* Yang *et* Yang, 1995

Cerconychia sinensis Yang *et* Yang, 1995. Acta Agric. Univ. Pekin. 21 (2): 223. **Type locality:** China (Hainan: Jianfengling).
分布（**Distribution**）：海南（HI）

（3）褐色爪蜻 *Cerconychia brunnea* Klapálek, 1913

Cerconychia brunnea Klapálek, 1913. Suppl. Ent. 2: 126. **Type locality:** China (Taiwan: Chiai-hsien, Suishary).
Cerconychia brunnea: Claassen, 1940. Mem. Corn. Univ. Agr.

Exp. Sta. 232: 152; Kohno, 1945. Insect World 49: 5; Illies, 1966. Das Tierreich 82: 18; Uchida *et* Isobe, 1989. Spixiana 12: 152; Sivec, Yang *et* Lee, 1997. Chin. J. Ent. 17 (3): 188.

分布（**Distribution**）：台湾（TW）

（4）蓝色爪蟦 *Cerconychia livida* Klapálek, 1913

Cerconychia livida Klapálek, 1913. Suppl. Ent. 2: 125. **Type locality:** China (Taiwan: Kaohsiung hsien, Kosempo).

Cerconychia livida: Claassen, 1940. Mem. Corn. Univ. Agr. Exp. Sta. 232: 152; Kohno, 1945. Insect World 49: 5; Illies, 1966. Das Tierreich 82: 18; Uchida *et* Isobe, 1989. Spixiana 12: 156; Sivec, Yang *et* Lee, 1997. Chin. J. Ent. 17 (3): 188.

分布（**Distribution**）：台湾（TW）

2. 刺蟦属 *Styloperla* Wu, 1935

Styloperla Wu, 1935. Bull. Pek. Soc. Nat. Hist. 9 (3): 236. **Type species:** *Styloperla spinicercia* Wu, 1935.

（5）曲刺刺蟦 *Styloperla flectospina* (Wu, 1962)

Cerconychia flectospina Wu, 1962. Acta Ent. Sin. 11 (Suppl.): 147. **Type locality:** China (Yunnan: Pingbian).

Cerconychia flectospina: Illies, 1966. Das Tierreich 82: 632; Wu, 1973. Acta Ent. Sin. 16 (2): 99; Zwick, 1973. Das Tierreich 94: 219.

Styloperla flectospina: Uchida *et* Isobe, 1989. Spixiana 12: 158; Stark *et* Sivec, 2007. Illiesia 3 (2): 15.

分布（**Distribution**）：云南（YN）

（6）慈母刺蟦 *Styloperla inae* Chao, 1947

Styloperla inae Chao, 1947. Biol, Bull, Fukien Christ, Univ. 5: 93. **Type locality:** China (Fukien: Shao-wu, Ta-chu-luan).

Styloperla inae: Wu, 1948. Bull. Pek. Nat. Hist. 17 (1): 79; Illiies, 1966. Tierreich 82: 19; Zhao, 1982. Checklist of Insecta of Fujian Province: 32; Uchida *et* Isobe, 1989. Spixiana 12 (2): 158; Stark *et* Sivec, 2007. Illiesia 3 (2): 15.

分布（**Distribution**）：福建（FJ）

（7）江西刺蟦 *Styloperla jiangxiensis* Yang *et* Yang, 1990

Styloperla jiangxiensis Yang *et* Yang, 1990. Acta Agric. Univ. Jiangxiensis 12 (2): 45. **Type locality:** China (Jiangxi: Jinggangshan, Ciping).

Styloperla jiangxiensis: Stark *et* Sivec, 2007. Illiesia 3 (2): 13.

分布（**Distribution**）：江西（JX）

（8）钝刺刺蟦 *Styloperla obtusispina* (Wu, 1973)

Nogiperla obtusispina Wu, 1973. Acta Ent. Sin. 16 (2): 109. **Type locality:** China (Sichuan: Emeishan, Qingyinge).

Styloperla obtusispina: Uchida *et* Isobe, 1989. Spixiana 12 (2): 158; Stark *et* Sivec, 2007. Illiesia 3 (2): 15.

分布（**Distribution**）：四川（SC）

（9）刺尾刺蟦 *Styloperla spinicercia* Wu, 1935

Styloperla spinicercia Wu, 1935. Peking Nat. Hist. Bull. 9 (3): 237. **Type locality:** China (Kwangtung: Tsha-jiu-shan).

Styloperla spinicercia: Wu, 1935. Cat. Ins. Sin. 1: 310; Wu, 1938. Plecopt. Sin.: 126; Claassen, 1940. Men. Corn. Univ. Agr. Exp. Sta. 232: 184; Illies, 1966. Das Tierreich 82: 19; Kohno, 1945. Insect Word 49: 4; Chao, 1947. Biol, Bull., Fukien Christ. Univ. 5: 93; Zhao, 1982. Checklist of Insecta of Fujian Province: 32; Uchida *et* Isobe, 1989. Spixiana 12 (2): 158; Stark *et* Sivec, 2007. Illiesia 3 (2): 15.

分布（**Distribution**）：福建（FJ）、广东（GD）

（10）胡氏刺蟦 *Styloperla wui* Chao, 1947

Styloperla wui Chao, 1947. Biol. Bull. Fukien Christ. Univ. 5: 93. **Type locality:** China (Fujian: Shao-wu, Ta-chu-luan).

Styloperla wui: Wu, 1948. Bull. Pek. Nat. Hist. 17 (1): 79; Illies, 1966. Das Tierreich 82: 19; Zhao, 1982. Checklist of Insecta of Fujian Province: 32; Uchida *et* Isobe, 1989. Spixiana 12 (2): 160; Yang *et* Yang, 1991. Guizhou Sci. 9 (1): 1; Yang *et* Yang, 1992. Insects of Southwest Wuling Mountains: 62; Stark *et* Sivec, 2007. Illiesia 3 (2): 15.

分布（**Distribution**）：贵州（GZ）、福建（FJ）

参 考 文 献

Aubert J. 1967. Les Nemouridae de l'Assam (Plécoptères). *Mitteilungen der Schweizerischen Entomologischen Gesellschaft*, **39**: 209-253.

Banks N. 1937. Neuropteroid insects from Formosa (Perlidae). *Philippine Journal of Science*, **62**: 269-275.

Baumann R W. 1975. Revision of the stonefly family Nemouridae (Plecoptera): A study of the world fauna at the generic level. *Smithsonian Contributions to Zoology*, **211**: 1-74.

Chu Y T. 1929. Descriptions of four new species and one new genus of stone flies in the family Perlidae from Hangchow. *The China Journal*, **10**: 88-92.

Claassen P W. 1929. A new species of stonefly from China (Order Plecoptera, Family Nemouridae). *Lingnan Science Journal*, **7**: 511-512.

Claassen P W. 1940. A Catalogue of the Plecoptera of the world. *Memoirs of the Cornell University Agricultural Experiment Station*, **232**: 1-235.

DeWalt R E, Neu-Becker U, Stueber G. 2013. Plecoptera Species File Online. Version 5.0/5.0. [11/16/2013]. http://Plecoptera.SpeciesFile.org.

Du Y Z. 1999a. Insecta: Plecoptera. *In*: Zheng L Y, Gui H. 1999. *Insect classification*. Nanjing: Nanjing Normal University Press: 146-169. [杜予州. 1999a. 昆虫纲: 襀翅目//郑乐怡, 归鸿. 1999. 昆虫分类. 南京: 南京师范大学出版社: 146-169.]

Du Y Z. 1999b. Plecoptera. *In*: Huang B K. Fauna of Insects in Fujian Province of China. Vol. 3. Fuzhou: Fujian Science and Technology Publishing House: 301-335. [杜予州. 1999b. 襀翅目//黄邦侃. 1999. 福建昆虫志 (卷3). 福州: 福建科学技术出版社: 301-335.]

Du Y Z. 2000a. *Neoperla magisterchoui*, a new species of the genus *Neoperla* Needham (Plecoptera: Perlidae) from China. *In*: Zhang Y L. Systematic and faunistic research on Chinese insects. Proceedings of the 5th National Congress of Insect Taxonomy. Beijing: China Agriculture Press: 1-3. [杜予州. 2000a. 中国新蜻属一新种—师周新蜻//张雅林. 2000. 昆虫分类区系研究—中国昆虫学会第五届全国昆虫分类区系学术研讨会论文集. 北京: 中国农业出版社: 1-3.]

Du Y Z. 2000b. Two new species of the genus *Neoperla* Needham (Plecoptera: Perlidae: Perlinae) from Guizhou, China. *Entomotaxonomia*, **22**: 1-5.

Du Y Z. 2002. Plecoptera. *In:* Huang F. Sh. *Insects of Hainan Forest*. Beijing: Science Press: 42-44.

Du Y Z, Chou I. 1999. Notes on Chinese species of the genus *Togoperla* Klapalek. (Plecoptera: Perlidae: Perlinae). *Entomotaxonomia*, **21**: 1-8.

Du Y Z, Shen X C. 1999. Plecoptera. *In*: Shen X C, Pei H C. The Fauna and Taxonomy of Insects in Henan, Vol. 4, The Fauna of Insects of Southern Funiu Mountain and Dabie Mountain. Beijing: China Agricultural Sci-Technological Press: 227-230. [杜予州, 申效诚. 1999. 襀翅目//申效诚, 裴海潮. 1999. 伏牛山南坡及大别山昆虫. 北京: 中国农业科技出版社: 227-230.]

Du Y Z, Sivec I. 2004. Plecoptera: Perlidae, Nemouridae, Leuctridae. *In*: Yang X K. Insects from Mt. Shiwandashan area of Guangxi. Beijing: China forestry Publishing House: 39-45. [杜予州, Sivec I. 2004. 襀翅目: 蜻科 卷蜻科 叉蜻科 //杨星科. 2004. 广西十万大山地区昆虫. 北京: 中国林业出版社: 39-45.]

Du Y Z, Sivec I. 2005. Plecoptera. *In*: Yang X K. Insect Fauna of Middle west Qinling Range and South Mountains of Gansu Province. Beijing: Science Press: 38-54. [杜予州, Sivec I. 2005. 襀翅目//杨星科. 2005. 秦岭西段及甘南地区昆虫. 北京:科学出版社: 38-54.]

Du Y Z, Sivec I, He J H. 1999. A checklist of the Chinese species of the family Perlidae (Plecoptera: Perloidea). *Acta Entomologica Slovenica*, **7**: 59-67.

Du Y Z, Sivec I, Zhao M S. 2001. Plecoptera. *In*: Wu H and C W Pan. Insects of Tianmushan National Nature Reserve. Science Press, Beijing. 69-80. [杜予州, I Sivec. 2001, 赵明水. 襀翅目//吴鸿, 潘承文. 2001. 天目山昆虫. 北京:科学出版社. 69-80.]

Du Y Z, Wang Z J. 2005. Plecoptera: Leuctridae, Nemouridae, Perlidae and Peltoperlidae. *In:* Yang M F, Jin D C. Insects from Dashahe Nature Reserve of Guizhou. Guiyang: Guizhou People Press: 51-57. [杜予州, 王志杰. 2005. 襀翅目: 卷蜻科 叉蜻科蜻科 扁蜻科//杨茂发, 金道超. 2005. 贵州大沙河昆虫. 贵阳: 贵州人民出版社: 51-57.]

Du Y Z, Wang Z J. 2007a. Nemouridae and Perlidae. *In:* Li Z Z, Yang M F, Jin D C. Insects from Mountain Leigongshan Landscape of Guizhou. Guiyang: Guizhou Science and Technology Publishing House: 84-90. [杜予州, 王志杰. 2007a. 叉蜻科蜻科//李子忠, 杨茂发, 金道超. 2007. 雷公山景观昆虫. 贵阳: 贵州科技出版社: 84-90.]

Du Y Z, Wang Z J. 2007b. New species of the genus *Amphinemura* (Plecoptera: Nemouridae) from Yunnan, China. *Zootaxa*, **1554**: 57-62.

Du Y Z, Wang Z J, Zhou P. 2007a. Two new species of *Protonemura* (Plecoptera: Nemouridae) from China. *Aquatic Insects*, **29** (2): 97-102.

Du Y Z, Wang Z J, Zhou P. 2007b. Two new species of the genus *Mesonemoura* and redescription of *M. spiroglagellate* (Plecoptera: Nemouridae) from China. *Zootaxa*, **1495**: 47-52.

Du Y Z, Wang Z J, Zhou P. 2007c. Four new species of *Amphinemura* (Plecoptera: Nemouridae) from China. *Aquatic Insects*, **29** (4): 297-305.

Du Y Z, Zhou P, Wang Z J. 2008. Four new species of the genus *Nemoura* (Plecoptera: Nemouridae) from China. *Entomological News*, **119** (1): 67-76.

Enderlein G. 1909. Plecopterologische Studien II. *Stettiner Entomologische Zeitung*, **70**: 324-352.

Fochetti R, Sezzi E. 2000. A new species of *Mesonemoura* from Yunnan: *Mesonemoura sbordonii* sp. n. (Plecoptera: Nemouridae). *Aquatic Insects*, **22** (3): 237-240.

Fochetti R, Tierno de Figueroa J M. 2008. Global diversity of stoneflies (Plecoptera: Insecta) in freshwater. *Hydrobiologia*, **595**: 365-377.

Geoffroy E L. 1762. Perla. *In*: Geoffroy E L. *Histoire abrégée des insectes, Paris,* Vol. **2**: 229-233.

Illies J. 1966. Katalog der rezenten Plecoptera. *Das Tierreich,* Berlin: xxx+632.

Jewett S G. 1975. Some stoneflies from Bangladesh, India and Southeast Asia. *Oriental Insects,* **9** (2): 127-134.

Ji X Y, Du Y Z. 2014. Four new species of *Amphinemura* (Plecoptera: Nemouridae) from Sichuan, China. *Florida Entomologist*, **97** (2): 692-698

Ji X Y, Du Y Z, Wang Z J. 2014. Two new species of the stonefly genus *Amphinemura* (Insecta, Plecoptera, Nemouridae) from China. *ZooKeys*, **404**: 23-30.

Judson S W, Nelson C R. 2012. A guide to Mongolian Stoneflies (Insecta: Plecoptera). *Zootaxa*, **3541**: 1-118.

Kawai T. 1967. Fauna Japonica. Plecoptera (Insecta). *Biogeographical Society of Japan*: 1-211.

Kawai T. 1968. Stoneflies (Plecoptera) from Taiwan in the Bishop Museum, Honolulu. *Pacific Insects*, **10**: 241-248.

Kimmins D E. 1947. New species of Himalayan Plecoptera. *The Annals and Magazine of Natural History*, Series 11, **13**: 721-740.

Kimmins D E. 1950. Some new species of Asiatic Plecoptera. *The Annals and Magazine of Natural History*, (12) **3**: 177-210.

Klapálek F. 1907. Plecoptera. *In* Wissenschaftliche Ergebnisse der Expedition Filchner nach China und Tibet 1903-1905. *Wissenschaftliche Zoologische Botanische Ergebnisse*, **10**: 59-64.

Klapálek F. 1912a. Plecopterorum genus: *Kamimuria* Klp. *Zvláštni otisk Časopisu České Společnosti Entomologické*, **9** (2): 84-110.

Klapálek F. 1912b. H. Sauter's Formosa-Ausbeute. Plecoptera. *Supplementa Entomologica*, **1** (11): 342-351.

Klapálek F. 1913. Plecoptera. II. *In* H. Sauter's Formosa-Ausbeute. *Supplementa Entomologica*, **2**: 112-127.

Klapálek F. 1914. Analytická tabulka fam. Perlidae a její dvou subfam., Perlinae a Acroneuriinae (Plecoptera). *Casopis Ceské spolecnosti entomologické*, **11**: 53-69.

Klapálek F. 1916. Subfamilia Acroneuriinae Klp. *Časopis České Společnosti Entomologické*, **13**: 45-84..

Klapólek F. 1921. Plécoptères nouveaux. *Annales de la Socieau Entomologique de Belgique*, **61**: 57-67, 146-150, 320-327.

Klapálek F. 1923. Plécoptéres II. Fam. Perlidae. Subfam. Perlinae, Subfam. Neoperlinae. *Collections Zoologicues du Baron Edm. de Selys Longchamps*, **4** (2): 1-193.

Kohno M. 1946. Notes on two new genera of Plecoptera from Japan. *Collecting and Breeding*, **8**: 58-65, 70.

Kong F B, Lv J F, Li W H. 2014. Three new species of *Neoperla* in the *montivaga* group (Plecoptera: Perlidae) from China. *Zootaxa*, **3841** (3): 429-438.

Kong F B, Yang D, Li W H. 2013. Discovery of the genus *Paraleuctra* (Plecoptera: Leuctridae) from Palearctic China, with description of *P. qilianshana* sp. nov. *Zootaxa*, **3702** (4): 391-396.

Li S, Li W H, Wang Y B. 2014a. Female morphology of *Neoperla flavescens* Chu, 1929. *Journal of Henan Institute of Science and Technology*, **42** (2): 28-30.

Li S, Li W H, Wang Y B. 2014b. A new record species of Plecoptera from Henan Province. *Journal of Henan Institute of Science and Technology*, **42** (4): 35-38.

Li W H, DeWalt R E. 2012. A new species of *Togoperla* (Plecoptera: Perlidae) from China with a revised key to *Togoperla* males. *Zootaxa*, **3564**: 54-60.

Li W H, Kong F B, Yang D. 2011a. A new species of *Capnia* (Plecoptera: Capniidae) from China. *Zootaxa*, **2943**: 63-68.

Li W H, Kong F B, Yang D. 2011b. A new species of *Rhopalopsole shaanxiensis* species group (Plecoptera: Leuctridae) from China. *Acta Zootaxonomica Sinica*, **36** (2): 246-248.

Li W H, Li G L, Yang D. 2010. A new species of the genus *Rhopalopsole* (Plecoptera: Leuctridae) from Sichuan, China. *Acta Zootaxonomica Sinica*, **35** (2): 310-312.

Li W H, Li S, Feng G W, Wang Y B. 2014. Species of *Neoperla* (Plecoptera: Perlidae) from Henan Province, China. *Zootaxa*, **3838** (2): 174-182.

Li W H, Li X P. 2013a. A new species of the genus *Neoperla* (Plecoptera: Perlidae) from China. *Acta Zootaxonomica Sinica*, **38**: 75-77.

Li W H, Li X P. 2013b. A replacement name for *Neoperla siveci* Li and Li (Plecoptera: Perlidae). *Illiesia*, **9**: 109.

Li W H, Lu W Y, Yang D. 2011 (2010). A New Species of *Rhopalopsole vietnamica* group (Plecoptera: Leuctridae) from China. *Entomological News*, **121** (2): 163-164.

Li W H, Murányi D, Pan J J, Yang D. 2013. New and little known species of Nemouridae (Plecoptera) from Inner Mongolia of China. *Zootaxa*, **3746** (3): 473-480.

Li W H, Murányi D, Wang R F. 2014a. Species of *Neoperla* (Plecoptera: Perlidae) from Yunnan Province, China. *Zootaxa*, **3753** (1): 1-9.

Li W H, Murányi D, Wang R F. 2014b. A new species of *Sinacroneuria* (Plecoptera: Perlidae) from China with a provisional key to species. *Zootaxa*, **3895** (2): 285-291.

Li W H, Murányi D, Yang D. 2014. A new species of *Sphaeronemoura* (Plecoptera: Nemouridae) from Henan Province of China, with additions to generic characters of the female and larva. *Zootaxa*, **3793** (3): 371-378.

Li W H, Wang G Q. 2013. A new species report of *Caroperla* Kohno, 1946 (Plecoptera: Perlidae) from China. *Aquatic Insects*, **35** (1-2): 15-21.

Li W H, Wang G Q, Li W L, Murányi D. 2012. Review of *Neoperla* (Plecoptera: Perlidae) from Guangdong Province of China. *Zootaxa*, **3597**: 15-24.

Li W H, Wang G Q, Lu W Y. 2012. Species of *Neoperla* (Plecoptera: Perlidae) from Hubei, China. *Zootaxa*, **3478**: 32-37.

Li W H, Wang G Q, Qin X F. 2013. Two new species of *Neoperla* (Plecoptera: Perlidae) from China. *ZooKeys*, **290**: 21-30.

Li W H, Wang G Q, Yang D. 2012. Two new species of *Nemoura* (Plecoptera: Nemouridae) from China. *Zootaxa*, **3427**: 63-68.

Li W H, Wang H L, Lu W Y. 2011. Species of the genus *Neoperla* (Plecoptera: Perlidae) from Henan, China. *Zootaxa*, **2735**: 57-63.

Li W H, Wang H L, Yu H. 2012. First record of *Kamimuria* (Plecoptera: Perlidae) from Hainan Island of China, with description of *K. hainana* n. sp. *Zootaxa*, **3500**: 84-88.

Li W H, Wang R F. 2011a. A new species of *Alloperla* (Plecoptera: Chloroperlidae) from China. *Zootaxa*, **3040**: 29-33.

Li W H, Wang R F. 2011b. A new species of *Neoperla* (Plecoptera: Perlidae) from China. *Entomological News*, **122**: 261-264.

Li W H, Wang Y B, Yang D. 2010. Synopsis of the genus *Paraleuctra* (Plecoptera: Leuctridae) from China. *Zootaxa*, **2350**: 46-52.

Li W H, Wu L M, Zhang H R. 2011. A new species of the genus *Neoperla* (Plecoptera: Perlidae) from Henan, China. *Acta Zootaxonomica Sinica*, **36**: 33-35.

Li W H, Yang D. 2005a. Two new species of *Indonemoura* (Plecoptera: Nemouridae) from Fujian, China. *Zootaxa*, **1001**: 59-63.

Li W H, Yang D. 2005b. Two new species of *Amphinemura* (Plecoptera: Nemouridae) from Sichuan, China. *Zootaxa*, **1083:** 63-68.

Li W H, Yang D. 2006a. New species of *Nemoura* (Plecoptera: Nemouridae) from China. *Zootaxa*, **1137:** 53-61.

Li W H, Yang D. 2006b. Three new species of *Amphinemura* (Plecoptera: Nemouridae) with a key to the species from Guizhou Province, China. *Zootaxa*, **1154:** 41-48.

Li W H, Yang D. 2006c. The genus *Indonemoura* Baumann, 1975 (Plecoptera: Nemouridae) from China. *Zootaxa*, **1283:** 47-61.

Li W H, Yang D. 2007a. Review of the genus *Amphinemura* (Plecoptera: Nemouridae) from Guangdong, China. *Zootaxa*, **1511**: 55-64.

Li W H, Yang D. 2007b. Two new species of *Nemoura* (Plecoptera: Nemouridae) from China. *Zootaxa*, **1511**: 65-68.

Li W H, Yang D. 2007c. New species of the genus *Mesonemoura* (Plecoptera: Nemouridae) from China. *Aquatic Insects*, **29** (3): 173-180.

Li W H, Yang D. 2008a. Species of *Amphinemura* (Plecoptera: Nemouridae) from Tibet, China. *Zootaxa*, **1688**: 54-60.

Li W H, Yang D. 2008b. New species of Nemouridae (Plecoptera) from China. *Aquatic Insects*, **30**: 205-221.

Li W H, Yang D. 2008c. A new species of *Amphinemura* (Plecoptera: Nemouridae) from China. *Zootaxa*, **1892**: 65-68.

Li W H, Yang D. 2008d. Two new species of *Amphinemura* (Plecoptera: Nemouridae) from Yunnan, China, with the redescription of *A. triramia* (Wu, 1962). *Zootaxa*, **1926**: 61-67.

Li W H, Yang D. 2008e. Two new species and two new records of stonefly family Nemouridae from Henan (Plecoptera: Nemouroidea). *In*: Shen X C, Lu T C. *The Fauna and Taxonomy of Insects in Henan*. Beijing: China Agricultural Science and Technology Press: 6: 1-116.

Li W H, Yang D. 2008f. New species of *Nemoura* (Plecoptera: Nemouridae) from China. *Zootaxa*, **1783**: 61-68.

Li W H, Yang D. 2008g. Two new species of *Indonemoura* (Plecoptera: Nemouridae) from China, with redescription of *Indonemoura longiplatta* (Wu, 1949), comb. n. *Aquatic Insects*, 30: 97-103.

Li W H, Yang D. 2009a. Species of the genus *Sphaeronemoura* (Plecoptera: Nemouridae) from continental China. *Zootaxa*, **2004**: 59-64.

Li W H, Yang D. 2009b. Synopsis of the genus *Capnia* (Plecoptera: Capniidae) from China. *Zootaxa*, **2112**: 47-52.

Li W H, Yang D. 2009c. A new species of the genus *Mesonemoura* (Plecoptera: Nemouridae) and a key to the males of species known from China. *Zootaxa*, **2231**: 62-68.

Li W H, Yang D. 2010.Two new species of *Rhopalopsole vietnamica* group (Plecoptera: Leuctridae: *Rhopalopsole*) from China. *Zootaxa*, **2614:** 59-64.

Li W H, Yang D. 2011a. A new species of *Rhopalopsole dentata* group from China (Plecoptera: Leuctridae). *Transactions of the American Entomological Society*, **137** (1-2): 199-201.

Li W H, Yang D. 2011b. Two new species of *Amphinemura* (Plecoptera: Nemouridae) from China. *Zootaxa*, **2975:** 29-34.

Li W H, Yang D. 2012. A review of *Rhopalopsole magnicerca* group (Plecoptera: Leuctridae) from China. *Zootaxa*, **3582**: 17-32.

Li W H, Yang D, Sivec I. 2005a. Two new species of *Indonemoura* (Plecoptera: Nemouridae) from China. *Zootaxa*, **893**: 1-5.

Li W H, Yang D, Sivec I. 2005b. A new species of *Amphinemura* (Plecoptera: Nemouridae) from China. *Entomological News,* **116**: 93-96.

Li W H, Yang J, Yao G. 2014. Review of the Genus *Sweltsa* (Plecoptera: Chloroperlidae) in China. *Journal of Insect Science*, **14** (286): 1-8.

Li W H, Yao G, Qin X F. 2013. *Haploperla choui* sp. n. (Plecoptera: Chloroperlidae), a remarkable new stonefly from Qinling Mountains of China. *Zootaxa*, **3640** (4): 550-556.

Li W H, Zhang S Q. 2014. Two new species of *Neoperla* (Plecoptera, Perlidae) from Dabie Mountains of China. *ZooKeys*, **438**: 45-55.

Li X P, Li W H, Yang D. 2013. Two new record species of stoneflies (Insecta: Plecoptera) from China. *Acta Zootaxonomica Sinica*, **38**: 193-195.

Murányi D, Jeon M J, Hwang J M, Seo H Y. 2014. Korean species of the genus *Perlomyia* Banks, 1906 (Plecoptera: Leuctridae). *Zootaxa*, **3881** (2): 145-154.

Murányi D, Li W H. 2013. Two new species of stoneflies (Plecoptera: Nemouridae) from Northeastern India, with a checklist of the family in the Indian Subcontinent. *Zootaxa,* **3694** (2): 167-177.

Murányi D, Park S J. 2011. Contribution to the fall stonefly (Plecoptera) fauna of Korea. *Illiesia*, **7** (6): 70-85.

Navás R P L. 1922. Plecópteros. *In* Insectos exóticos. *Brotéria Série Zoológica*, **20**: 49-50.

Navás R P L. 1933a. Plecópteros. *In* Névroptères *et* insectes voisins (Chine *et* pays environnants). Notes d'Entomologie Chinoise, Musée Heude, Shanghai, **1** (9): 15-16.

Navás R P L. 1933b. Insecta orientalia. XII series. Memorie dell'Accademia Pontifica dei Nuovi Lincei, Rome, **2** (17): 75-108.

Nelson C H, Hanson J F. 1968. Two new species of *Alloperla* (Plecoptera: Chloroperlidae) from China. *Journal of the Kansas Entomological Society*, **41**: 425-428.

Nelson C H, Hanson J F. 1969. The genus *Utaperla* (Plectopera: Chloroperlidae). *The Pan-Pacific Entomologist*, **45** (1): 26-34.

Nelson C H, Hanson J F. 1973. The genus *Perlomyia* (Plecoptera: Leuctridae). *Journal of the Kansas Entomological Society*, **46**: 187-199.

Okamoto H. 1912. Erster Beiträg zur Kenntnis der Japanischer Plecopteren. *Transactions of the Sapporo Natural History Society,* **4**: 105-170.

Okamoto H. 1922. Zweiter Beitrag zur Kenntnis der japanischen Plecopteren. *Bulletin of the Agruicultural Experiment Station, Government-General of Chosen, Suigen*, **1**: 1-46.

Pictet F J. 1841. *Histoire naturelle générale et particulière des insectes Névroptères. Famille des Perlides.* Genève-Paris: Kessmann-Baillière: 1-423.

Qian Y H, Du Y Z. 2011. Two new species of genus *Rhopalopsole* (Insecta, Plecoptera, Leuctridae) form China. *ZooKeys*, **154**: 1-7.

Qian Y H, Du Y Z. 2012a. A new stonefly species, *Rhopalopsole tricuspis* (Leuctridae: Plecoptera), and three new records of stoneflies from the Qinling Mountains of Shaanxi, China. *Journal of Insect Science*, **12**: 47.

Qian Y H, Du Y Z. 2012b. Two new species of the genus *Rhopalopsole* (Plecoptera: Leuctridae) from China. *Entomotaxonomia*, **34**: 17-21.

Qian Y H, Du Y Z. 2012c. One new species in the genus *Chinoperla* (Plecoptera: Perlidae) from China. *Entomotaxonomia*, **34**: 117-119.

Qian Y H, Du Y Z. 2012d. Two new species of *Rhopalopsole* (Plecoptera: Leuctridae) from China. *Zootaxa*, **3599**: 588-592.

Qian Y H, Li H L, Du Y Z. 2014. A study of Leuctridae (Insecta: Plecoptera) from Shennongjia, Hubei Province, China. *Florida Entomologist*, **97** (2): 605-610.

Qin X F, Murányi D, Wang G Q, Li W H. 2013. Stoneflies of the genus *Neoperla* (Plecoptera, Perlidae) from Wuyi Mountain National Nature Reserve, Fujian of China. *ZooKeys*, **326**: 1-16.

Rauser J. 1968. 67. Plecoptera. Ergebnisse der zoologischen Forschungen von Dr. Z. Kaszab in der Mongolei. *Entomologische Abhandlungen Staatliches Museum für Tierkunde in Dresden,* **34** (5): 329-398.

Ricker W E. 1952. Systematic studies in Plecoptera. Bloomington: Indiana University: 1-200.

Shimizu T. 1994. Taxonomic changes and synonyms for the East Asian species of the genus *Nemoura* (Plecoptera, Nemouridae). *Aquatic Insects*, **16** (4): 213-225.

Shimizu T. 1997a. New name of an *Amphinemura* species for *Nemoura* (*Protonemura*) *spinosa* Kawai, 1960, with description of a new species from Japan (Plecoptera, Nemouridae). *Japanese Journal of Entomology*, **65** (4): 793-798.

Shimizu T. 1997b. The species of the *Nemoura ovocercia* group (Plecoptera: Nemouridae). *Aquatic Insects*, **19** (4): 193-218.

Shimizu T. 1997c. Two new species of the genus *Amphinemura* from Japan and Taiwan (Plecoptera: Nemouridae). *Japanese Journal of Systematic Entomology*, **3** (1): 77-84.

Shimizu T. 1998. The group of *Amphinemura flavostigma* (Plecoptera, Nemouridae). *Aquatic Insects*, **20** (4): 203-208.

Shimizu T, Sivec I. 2001. *Sphaeronemoura*, a new genus of the Amphinemurinae (Nemouridae, Plecoptera) from Asia. *In*: Dominguez E. *Trends in Research in Ephemeroptera and Plecoptera.* New York: Kluwer Academic / Plenum Publishers: 393-399.

Sivec I. 1981a. A new species of *Nemoura* (Plecoptera: Nemouridae) from China. *Aquatic Insects*, **3** (2): 79-80.

Sivec I. 1981b. Contribution to the knowledge of Nepal stoneflies (Plecoptera). *Aquatic Insects,* **3** (4): 245-257.

Sivec I. 1995. *Cryptoperla fujianica* spec. nov., and *Cryptoperla stilifera* spec. nov., two new Peltoperlidae species from Fujian, China (Plecoptera). *Opuscula Zoologica Fluminensia*, **132**: 1-5.

Sivec I. 2005. *Cryptoperla dui*, sp. n., a new stonefly from South China (Plecoptera: Peltoperlidae). *Illiesia*, **1**: 8-9.

Sivec I, Harper P P, Shimizu T. 2008. Contribution to the study of the Oriental genus *Rhopalopsole* (Plecoptera: Leuctridae). *Scopolia*, **64**: 1-122.

Sivec I, Stark B P. 2008. New species of *Kamimuria* Klapálek (Plecoptera: Perlidae) from Thailand and Vietnam, with notes on Chinese species. *Illiesia*, **4** (12): 110-138.

Sivec I, Stark B P. 2012a. Seven new species of *Perlomyia* (Plecoptera: Leuctridae) from Japan. *Illiesia*, **8** (7), 94-103.

Sivec I, Stark B P. 2012b. The genus *Perlomyia* Banks in Taiwan (Plecoptera: Leuctridae). *Illiesia*, **8** (11): 119-124.

Sivec I, Stark B P, Uchida S. 1988. Synopsis of the world genera of Perlinae (Plecoptera: Perlidae). *Scopolia*, **16**: 1-66.

Sivec I, Yang P S. 2001. Stoneflies of Taiwan within the Oriental stonefly fauna diversity. *In*: Dominguez E. *Trends in research in Ephemeroptera and Plecoptera*. New York/Boston/Dordrecht/London/Moscow: Kluwer Academic/Plenum Publishers: 401-404.

Sivec I, Yang P S, Lee C F. 1997. Name lists of insects in Taiwan. Plecoptera. *Chinese Journal of Entomology*, **17**: 188-194.

Sivec I, Zhiltzova L A. 1997. *Agnetina kryzhaovshii*, a new stonefly from Yunnan, China (Plecoptera, Perlidae). *Acta Entomologica Slovenica*, **5**: 109-112.

Sivec I, Zwick P. 1987. Some *Neoperla* (Plecoptera) from Taiwan. *Beiträge zur Entomologie*, **37**: 391-405.

Sivec I, Zwick P. 1989.Addition to the knowledge of genus *Chinoperla* (Plecoptera: Perlidae). *Aquatic Insects*, **11**: 11-16.

Stark B P. 1987. Records and descriptions of Oriental Neoperlini (Plecoptera: Perlidae). *Aquatic Insects*, **9**: 45-50.

Stark B P. 1989. Oriental Peltoperlinae (Plecoptera): A generic review and descriptions of a new genus and seven new species. *Entomologica Scandinavica*, **19**: 503-525.

Stark B P, Sivec I. 2007a. A synopsis of Styloperlidae (Insecta, Plecoptera) with description of *Cerconychia sapa*, a new stonefly from Vietnam. *Illiesia*, **3** (2): 10-16.

Stark B P, Sivec I. 2007b. New species and records of Asian Peltoperlidae (Insecta: Plecoptera). *Illiesia*, **3** (12): 104-126.

Stark B P, Sivec I. 2007c. Taiwanese species of *Cryptoperla* (Plecoptera: Peltoperlidae). *Illiesia*, **3** (14): 150-156.

Stark B P, Sivec I. 2008a. New Stoneflies (Plecoptera) from Asia. *Illiesia*, **4** (1): 1-10.

Stark B P, Sivec I. 2008b. New species and records of *Neoperla* (Plecoptera: Perlidae) from Vietnam. *Illiesia*, **4** (3): 19-54.

Stark B P, Sivec I. 2008c. New Vietnamese species of the genus *Flavoperla* Chu (Plecoptera: Perlidae). *Illiesia*, **4** (5): 59-65.

Stark B P, Sivec I. 2008d. Descriptions of male and larval stages for *Neoperlops obscuripennis* Banks (Plecoptera: Perlidae). *Illiesia*, **4** (10): 94-98.

Stark B P, Sivec I. 2008e. Studies on *Sinacroneuria* Yang & Yang (Plecoptera: Perlidae) with description of new species from China and Vietnam. *Illiesia*, **4** (15): 150-153.

Stark B P, Sivec I. 2008f. Systematic notes on *Kiotina* Klapálek and *Hemacroneuria* Enderlein (Plecoptera: Perlidae), with description of four new species. *Illiesia*, **4** (17): 151-175.

Stark B P, Sivec I. 2008g. The genus *Togoperla* Klapálek (Plecoptera: Perlidae). *Illiesia*, **4** (20): 208-225.

Stark B P, Sivec I. 2009. *Sweltsa wui* and *Haploperla valentinae* (Plecoptera: Chloroperlidae) two new stoneflies from Sichuan province, China. *Illiesia*, **5**: 156-163

Stark B P, Sivec I. 2010. Systematic notes on the genus *Claassenia* Wu (Plecoptera: Perlidae), with description of a new species. *Illiesia*, **6** (24): 303-314.

Stark B P, Sivec I. 2013. *Kamimuria gressitti,* a new stonefly species from China (Plecoptera: Perlidae), and new records of *K. atra* from Vietnam. *Illiesia,* **9** (11): 116-121.

Stark B P, Szczytko S W, Baumann R W. 1986. North American stoneflies (Plecoptera): Plecoptera): systematics, distribution, and taxonomic references. *Great Basin Naturalist*, **46**: 383-397.

Stewart K W, Stark B P. 2002. Nymphs of North American stonefly genera (Plecoptera). 2nd ed. Columbus, Ohio: The Caddis Press: 1-510.

Sun H T, Du Y Z. 2012. Two new species of the genus *Kamimuria* (Plecoptera: Perlidae) from China, with redescription of *Kamimuria cheni* Wu and *Kamimuria chungnanshana* Wu. *Zootaxa*, **3455**: 61-68.

Teslenko V A, Minakawa N. 1999. Two new species of the genus *Stavsolus* Ricker from the Asian Far East (Plecoptera: Perlodidae). *Aquatic Insects*, **21** (1): 19-32.

Teslenko V A, Zhiltzova L A. 2009. Key to the stoneflies (Insecta, Plecoptera) of Russia and adjacent countries. Imagines and nymphs. Vladivostok, Dalnauka: 1-382.

Teslenko V A, Zwick P, Bazova N V. 2010. Redescription of *Filchneria mongolica* (Klapálek, 1901) (Plecoptera, Perlodidae) based on type eggs and fresh material from the Selenga and Amur River Basins of Russia and Mongolia. *Zootaxa*, **2693**: 49-59.

Uchida S. 1990. *A revision of the Japanese Perlidae (Insecta: Plecoptera), with special reference to their phylogeny*. Unpublished PhD disertation, Tokyo Metropolitan University: 228.

Uchida S, Isobe Y. 1988. *Cryptoperla* and *Yoraperla* from Japan and Taiwan (Plecoptera: Peltoperlidae). *Aquatic Insects*, **10**: 17-31.

Uchida S, Isobe Y. 1989. Styloperlidae, stat. nov. and Microperlinae, subfam. nov. with a revised system of the family group Systellognatha (Plecoptera). *Spixiana*, **12**: 145-182.

Uéno M. 1941. Reports on the Insect fauna of Manchuria V. Manchurian stoneflies. Kontyû, Tokyo, **15**: 21-27.

Walker F. 1852. Sub-order 2. Perlides. *Catalogue of the specimens of Neuropterous Insects in the collection of the British Museum. Part I. (Phryganides-Perlides)*. London: Edward Newman: 136-192.

Wang G Q, Li W H, Yang J. 2013. New species and records of the stonefly genus *Neoperla* (Plecoptera, Perlidae) from Jinhuacha Nature Reserve, Guangxi of China. *ZooKeys*, **351**: 37-48.

Wang G Q, Murányi D, Li W H. 2014. Two new species of dark *Neoperla* (Plecoptera: Perlidae) from Oriental Realm of China. *Zootaxa*, **3872** (1): 22-30.

Wang H L, Li W H, Yang D. 2013. Species of the family Nemouridae (Plecoptera) from Taihang Mountains of Northern China, with description of *Nemoura taihangshana* sp. n. *Zootaxa*, **3637** (5): 561-568.

Wang H L, Wang G Q, Li W H. 2013. Two new species in the subfamily Perlinae (Plecoptera, Perlidae) from China. *ZooKeys*, **313**: 81-90.

Wang Z J, Du Y Z. 2008. A new species of the genus *Nemoura* (Plecoptera: Nemouridae) from Xinjiang, China. *Zootaxa*, **1879**: 18-20.

Wang Z J, Du Y Z. 2009. Four new species of the genus *Indonemoura* (Plecoptera: Nemouridae) from China. *Zootaxa*, **1976**: 56-62.

Wang Z J, Du Y Z, Sivec I, Li Z Z. 2006. Records and descriptions of some Nemouridae species (Order: Plecoptera) from Leigong Mountain, Guizhou province, China. *Illiesia*, **2**: 50-56.

Wang Z J, Zhang J H, Zhu J Y. 2007. A new species of the genus *Amphinemura* (Plecoptera: Nemouridae) from Xinjiang, China. *Entomotaxonomia*, **29**: 13-16.

Wu C F. 1926. Two new species of stoneflies from Nanking. *The China Journal of Science and Arts*, **5** (6): 331-332.

Wu C F. 1929. A second species of stonefly from Peiping (Order Plecoptera, Family Nemouridae). *The China Journal of Science and Arts*, **10** (4): 200.

Wu C F. 1935a. Aquatic insects of China. Article XVIII. New species of Chinese stoneflies. (Order Plecoptera). *Peking Natural History Bulletin*, **9** (2): 111-129.

Wu C F. 1935b. Aquatic insects of China. Article XXI. New species of stoneflies from East and South China (Order Plecoptera). *Peking Natural History Bulletin*, **9** (3): 227-243.

Wu C F. 1935c. Order IX. Plecoptera. *In*: Wu C F. *Catalogus Insectorum Sinensium, Fan Memorial Institution of Biology, Peiping*, Vol. **1**: 299-315.

Wu C F. 1938. Plecopterorum sinensium: A Monograph of Stoneflies of China (Order Plecoptera). Peking: 1-225.

Wu C F. 1939. First supplement to the stoneflies of China (Order Plecoptera). *Peking Natural History Bulletin*, **14** (2): 153-157.

Wu C F. 1941. Second supplement to the stoneflies of China (Order Plecoptera). *Peking Natural History Bulletin*, **14** (4): 331-333.

Wu C F. 1948a. Third supplement to the stoneflies of China (Order Plecoptera). *Peking Natural History Bulletin*, **16**: 265-273.

Wu C F. 1948b. Fourth supplement to the stoneflies of China (Order Plecoptera). *Peking Natural History Bulletin*, **17**: 75-82.

Wu C F. 1949a. Fifth supplement to the stoneflies of China (Order Plecoptera). *Peking Natural History Bulletin*, **17** (2): 145-151.

Wu C F. 1949b. Sixth supplement to the stoneflies of China (Order Plecoptera). *Peking Natural History Bulletin*, **17** (4): 251-256.

Wu C F. 1962. Results of the Zoologico Botanical expedition to Southwest China, 1955-1957 (Plecoptera). *Acta Entomologica Sinica*, **11** (Supplement): 139-153.

Wu C F. 1973. New species of Chinese stoneflies (Order Plecoptera). *Acta Entomologica Sinica*, **16** (2): 97-126.

Wu C F and P W Claassen, 1934. Aquatic insects of China. Article XXI. New species of Chinese stoneflies. (Order Plecoptera). *Peking Natural History Bulletin*, **9**: 111-129.

Yang C K, Yang D. 1990a. One new species of the genus *Styloperla* from Jiangxi (Plecoptera, Styloperlidae). *Acta Agriculturae Universitatis Jiangxiensis*, **2**: 45-46.

Yang C K, Yang D. 1990b. New and little known species of Plecoptera from Guizhou Province (I). *Guizhou Science*, **8**: 1-4.

Yang C K, Yang D. 1991a. New and little known species of Plecoptera from Guizhou Province (II). *Guizhou Science*, **9**: 48-50.

Yang C K, Yang D. 1991b. One new species of *Rhopalopsole* from Zhejiang. *Journal of Zhejiang Forestry College*, **8** (1): 78-79. [杨集昆, 杨定. 1991. 浙江诺𫛮属一新种（𫛮翅目：卷𫛮科）. 浙江林学院学报, **8** (1): 78-79.]

Yang C K, Yang D. 1991c. New species of Plecoptera from Hubei. *Journal of Hubei University* (*Natural Science*), **13** (4): 369-372. [杨集昆, 杨定. 1991. 湖北𫛮翅目新种及新纪录. 湖北大学学报（自然科学版）, **13** (4): 369-372.]

Yang C K, Yang D. 1994. Two new species of *Rhopalopsole* (Plecoptera: Leuctridae) from Shaanxi. *Entomotaxonomia*, **16** (3): 189-191. [杨集昆, 杨定. 1994. 陕西诺𫛮属二新种(𫛮翅目: 卷𫛮科). 昆虫分类学报, **16** (3): 189-191.]

Yang D, Li W H, Sivec I. 2005. A new species of *Amphinemura* from south China (Plecoptera: Nemouridae). *Zootaxa*, **805**: 1-4.

Yang D, Li W H, Zhu F. 2004a. A new species of *Amphinemura* (Plecoptera: Nemouridae) from China. *Entomological News*, **115**: 226-228.

Yang D, Li W H, Zhu F. 2004b. Two new species of *Rhopalopsole* (Plecoptera: Leuctridae) from China. *Entomological News*, **115**: 279-282.

Yang D, Li W H, Zhu F. 2015. *Fauna Sinica, Insecta Vol. 58*, Plecoptera: Nemouroidea. Beijing: Science Press: 1-518. [杨定, 李卫海, 祝芳. 2015. 中国动物志昆虫纲第五十八卷𫛮翅目. 北京:科学出版社: 1-518.]

Yang D, Li Z. 2006. A new species of *Rhopalopsole* (Plecoptera: Leuctridae) from China. *Entomological News*, **117**: 433-435.

Yang D, Yang C K. 1992. Plecoptera: Perlidae. *In*: Huang F S. Insects of Wuling Mountains area, Southwestern China. Beijing: Science Press: 62-64. [杨定, 杨集昆. 1992. 𫛮翅目: 𫛮科//黄复生. 1993. 西南武陵山地区昆虫. 北京:科学出版社: 62-64.]

Yang D, Yang C K. 1993. New and little-known species of Plecoptera from Guizhou Province (III). *Entomotaxonomia*, **15**: 235-238.

Yang D, Yang C K. 1995a. Plecoptera: Perlidae. *In*: Wu H. *Insects of Baishanzu Mountain, Eastern China*. Beijing: China Forestry Publishing House: 59-60. [杨定, 杨集昆. 1995. 𫛮翅目: 𫛮科//吴鸿. 1995. 华东百山祖昆虫. 北京: 中国林业出版社: 59-60.]

Yang D, Yang C K. 1995b. Plecoptera: Leuctridae. *In*: Wu H. 1995. *Insects of Baishanzu Mountain, Eastern China*. Beijing: China Forestry Publishing House: 61-62. [杨定, 杨集昆. 1995. 𫛮翅目: 卷𫛮科//吴鸿. 1995. 华东百山祖昆虫. 北京: 中国林业出版社: 61-62.]

Yang D, Yang C K. 1995c. Plecoptera: Leuctridae. *In*: Zhu T. 1995. *Insects and Macrofungi of Gutianshan, Zhejiang*. Hangzhou: Zhejiang Science and Technology Publishing House: 20-24. [杨定, 杨集昆. 1995. 𫛮翅目: 卷𫛮科//朱廷安. 1995. 浙江古田山昆虫和大型真菌. 杭州: 浙江科技出版社: 20-24.]

Yang D, Yang C K. 1995d. Three new species of Plecoptera from Hainan Province. *Acta Agriculture Universitatis Pekinensis*, **21** (2): 223-225.

Yang D, Yang C K. 1996. Four new species of Plecoptera from Nei Mongol. *Journal of China Agricultural University*, **1**: 115-118.

Yang D, Yang C K. 1998. Plecoptera: Styloperlidae, Perlidae and Leuctridae. *In*: Wu H. 1998. *Insects of Longwangshan Nature Reserve*. Beijing: China Forestry Publishing House: 40-46. [杨定, 杨集昆. 1998. 𫛮翅目: 刺𫛮科𫛮科卷𫛮科//吴鸿. 1998. 龙王山昆虫. 北京: 中国农业科技出版社: 40-46.]

Zhiltzova L A. 1975. *Rhopalopsole*, a new genus of stoneflies for the USSR (Plecoptera, Leuctridae). *Zoologicheskii Zhurnal*, **54** (2): 221-230.

Zhiltzova L A. 1982. New stonefly species (Plecoptera, Nemouridae) from the Far East. *Vestnik Zoologii*, **1982** (2): 37-44.

Zhiltzova L A. 1995. *Katalog tipovyh ekzemplyarov kollektsii zoologicheskogo instituta RAN. Vesnyanki* (*Plecoptera*). SPB, St. Petersburg: 1-37.

Zhiltzova L A. 2003. Fauna of Russia and Neighbouring Countries. Insecta Plecoptera Volume I, issue **1**: The Group Euholognatha. St. Petersburg, Nauka: 1-537.

Zhiltzova L A, Zwick P. 1971. Notes on Asiatic Chloroperlidae (Plecoptera), with descriptions of new species. *Entomologisk Tidskrift*, **92**: 183-197.

Zhu F, Yang D. 2002. Three new species of *Amphinemura* from China (Plecoptera: Nemouridae). *Acta Zootaxonomica Sinica*, **27**: 745-749.

Zhu F, Yang D. 2003a. Three new species of *Amphinemura* (Plecoptera: Nemouridae) from Tibet. *Entomologia Sinica*, **10**: 51-56.

Zhu F, Yang D. 2003b. Two new species of *Nemoura* from China (Plecoptera, Nemouridae). *Acta Zootaxonomica Sinica*, **28**: 474-477.

Zhu F, Yang D, Yang C K. 2002. A new species of the genus *Indonemoura* Baumann (Plecoptera: Nemouridae) from Tibet, China. *Entomological Science*, **5**:

317-320.

Zhu F, Yang D, Yang C K. 2003. Two new species of *Mesonemoura* from Tibet, China (Plecoptera: Nemouridae). *Aquatic Insects*, **25**: 1-8.

Zhu J Y, Zhang J H, Wang W. 2006. One new record family of Plecoptera (Plecoptera: Perlinae Latreille). *Journal of Shihezi University* (*Natural Science*), **24**: 546-549.

Zhu J Y, Zhang J H, Wang W. 2007. One new record family of Plecoptera (Plecoptera: Chloroperlidae, Perlodidae). *Journal of Shihezi University* (*Natural Science*), **25**: 273-275.

Zwick P. 1971. Die Plecopteren Pictets und Burmeisters, mit Angaben über weitere Arten (Insecta). *Revue Suisse de Zoologie,* **78** (4): 1123-1194.

Zwick P. 1973a. Die Plecopteren-Arten Enderleins (Insecta); Revision der Typen. *Annales Zoologici,* **30** (16): 471-507.

Zwick P. 1973b. Insecta Plecoptera. Phylogenetisches System und Katalog. *Das Tierreich, Berlin*, **94**: 1-465.

Zwick P. 1974. Zwei neue Nemouridae (Insecta: Plecoptera) aus dem Fernen Osten. *Nouvelle Revue d'Entomologie,* **4**: 75-78.

Zwick P. 1977. Ergebnisse der Bhutan-Expedition 1972 des Naturhistorischen Museums in Basel Plecoptera. *Entomologica Basiliensia*, **2**: 85-134.

Zwick P. 1980. Plecoptera (Sternfliegen). *Handbuch der Zoologie*, **4**: 1-115.

Zwick P. 1982a. The stonefly collection of F. Klapálek in Prague, with notes on the Nemouridae (Plecoptera). *Aquatic Insects*, **4**: 39-48.

Zwick P. 1982b. Contribution to the knowledge of *Chinoperla* (Plecoptera: Perlidae: Neoperlini). *Aquatic Insects*, **4**: 167-170.

Zwick P. 1983. The *Neoperla* of Sumatra and Java (Indonesia) (Plecoptera: Perlidae). *Spixiana*, **6**: 167-204.

Zwick P. 1986. The Bornean species of the stonefly genus *Neoperla* (Plecoptera: Perlidae). *Aquatic Insects*, **8**: 1-53.

Zwick P. 1988. Species of *Neoperla* from the South-East Asian mainland (Plecoptera: Perlidae). *Entomologica Scandinavica*, **18** (4): 393-408.

Zwick P. 1997. *Rauserella*, a new genus of Plecoptera (Perlodidae), with notes on related genera. *In*: Landolt P, Sartori M. *Ephemeroptera & Plecoptera. Biology Ecology Systematics*. MTL Mauron+Tinguely & Lachat, S.A. Fribourg/Switzerland: 489-496.

Zwick P. 2010. New species and records of Plecoptera from Korea and the Russian Far East. *Illiesia*, **6** (9): 75-97.

Zwick P, Sivec I. 1980. Beiträge zur Kenntnis der Plecoptera des Himalaja. *Entomologica Basiliensia*, **5**: 59-138.

Zwick P, Sivec I. 1985. Supplements to the Perlidae (Plecoptera) of Sumatra. *Spixiana*, **8**: 123-133.

中文名索引

E

F

G

H

J

K

L

M

N

P

Q

R

S

T

W

X

Y

Z

学名索引

A

B

C

O

P

R